社区森林恢复方法与模式

姜春前　朱　臻　沈月琴 等　著

科 学 出 版 社

北　京

内 容 简 介

实现社区层面的森林恢复是打通“两山”转化通道、推动山区可持续发展，继而促进乡村振兴的重要路径。本书在总结国内外森林恢复的理论基础、进展与实践基础之上，以浙江、安徽典型社区为案例，总结了案例点森林退化历史及影响因素，基于遥感数据分析了当地森林恢复资源的时空变化，通过实地调查访谈等方式系统评价了当地森林恢复水平，分析了相关利益主体对森林恢复模式的选择与认知，在此基础之上设计了适合社区层面的森林恢复技术流程、一般模式及相关策略。

本书可作为生态保护修复、森林可持续经营、林业经济和农村发展等研究领域的广大科研工作者、相关政府部门工作人员和相关专业研究生及本科生的参考资料。

图书在版编目(CIP)数据

社区森林恢复方法与模式/姜春前等著. —北京：科学出版社, 2023.3
ISBN 978-7-03-074186-8

Ⅰ. ①社… Ⅱ. ①姜… Ⅲ. ①社区–森林植被–生态恢复–研究–中国
Ⅳ. ①S718.54

中国版本图书馆 CIP 数据核字(2022)第 233769 号

责任编辑：张会格 刘 晶 / 责任校对：郑金红
责任印制：吴兆东 / 封面设计：刘新新

科学出版社出版
北京东黄城根北街 16 号
邮政编码：100717
http://www.sciencep.com
北京虎彩文化传播有限公司 印刷
科学出版社发行 各地新华书店经销
*
2023 年 3 月第 一 版 开本：B5 (720×1000)
2023 年 3 月第一次印刷 印张：7 1/4
字数：146 000

定价：128.00 元

(如有印装质量问题，我社负责调换)

著者名单

主要著者： 姜春前　朱　臻　沈月琴

其他著者： 丁丽霞　蔡细平　姜春武　张华锋

刘建中　韩　林　朱永军　李士贵

宁　可　朱哲毅　杨　虹　潘　瑞

刘雅慧　王丹婷　唐　磊　周靖凯

前　言

森林能净化空气、涵养水源、调节气候、制造氧气、维持生物物种多样性，是人类赖以生存和可持续发展的基础。据联合国粮食及农业组织（Food and Agriculture Organization of the United Nations，FAO）2018年报道，森林为全球超过10亿人提供食物、药材和能源；森林对亿万农村人口尤为重要，全球约40%的极端贫困农村人口（约2.5亿）生活在森林和热带草原地带。然而，由于人类活动对森林干扰的加剧，导致森林面积减少，质量下降（Ren et al.，2007）。FAO于2020年7月21日发布的《2020年全球森林资源评估》指出，自1990年以来，全球森林面积减少了1.78亿hm^2，同时，共有4.2亿hm^2森林遭到毁坏。面对环境危机和挑战，退化生态系统的恢复与重建被认为是当前应优先发展的领域，它有助于生物多样性的保护和人类社会的长期可持续发展，促进人与自然关系的改善（Benayas et al.，2009；Aronson and Alexander，2013）。

森林恢复是实现联合国消除饥饿、减轻贫困和适应气候变化可持续发展目标的主要途径。中国政府在森林恢复与保护上付出了巨大的努力。我国实施了一系列林业重点工程，到2020年，中国森林面积2.23亿hm^2，森林覆盖率23.04%，是世界上营造人工林面积最大的国家。同时，我国提出要在2060年实现碳中和的目标。森林生态系统贡献了约80%的固碳量。我国现有森林蓄积量不断提升，森林固碳的发展潜力巨大，森林碳汇成为寻求碳减排的自然解决方案，也为森林恢复与保护创造了契机。

社区是实现森林恢复最基本的单元和组织。以往研究主要从全球、区域和县域等不同尺度，对土地利用变化及其对森林植被的影响进行深入研究，而从社区水平上针对土地利用变化、森林恢复技术和措施等方面开展的系统研究相对较少。我国的“农业、农村、农民”问题是关系国计民生的根本性问题，党的十九大提出“乡村振兴”战略，这是立足我国国情对城乡发展做出的重大战略部署，“乡村振兴”战略与“文化”、“生态”问题密不可分，要提升生态文明水平，建成生态、生活、生产和谐共生的乡村，就需要从农村和社区水平上开展森林恢复与保护的研究。我国南方集体林区人口密集，森林资源丰富，当地农户对自然资源依赖程度高，林业开发利用历史悠久，人地矛盾突出，同时也是全球生物多样性的热点地区，是我国的关键生态屏障，实施森林恢复是实现南方集体林业生态安全、促进人与自然和谐发展的关键。

森林恢复不仅在实现"两山"理论转化和生态振兴的建设目标中发挥了重要作用，也促进了地区发展和生态环境保护，对于实现在一个战场打赢生态保护战具有重要的现实和研究意义。为推动社区森林资源恢复与可持续管理，本书在中国南方低山丘陵区选择典型村落，从森林恢复研究方法体系的构建到森林恢复的理论分析，结合案例调查开展森林退化的驱动力解析及其森林质量评价，利用实证模型分析区域与社区森林恢复的水平，最后提出一套完整的森林恢复体系。本项研究由中国林业科学研究院林业研究所、浙江农林大学、浙江省杭州市临安区林业局（现临安区农业农村局）、安徽省林业科学研究院和安徽省林业局共同参与完成。

本书由亚太森林组织（APFNet）"中国南方低山丘陵区森林恢复和可持续经营示范项目（Demonstration on Sustainable Forest Management and Restoration in Hilly and Low Mountain Area of Southern China）（2016P2-CAF）"资助出版，也得到了2023年度浙江省哲学社会科学领军人才培育课题"浙江省加快发展地区生态产品价值实现促进农民农村共富的路径与政策研究（23QNYC13ZD）"的支持。项目执行过程中得到了亚太森林组织秘书长鲁德，以及项目处李肇晨、Anna Finke、李智、张世仪、胡楚钰、黄克标、卓宇芳等的关心和支持，特致谢意。

由于著者水平有限，书中难免有不妥之处，敬请读者批评指正。

著　者

2022年8月30日

目　录

1 引　言

1.1 研究背景

1.1.1 毁林、森林退化等问题严重影响了森林生态系统服务功能的发挥

森林是陆地生态系统的主体，具有组成复杂、生物种类丰富、稳定性强、功能完善等特点。森林不但能够为人类社会提供重要的木质原材料，而且在调节气候、涵养水源、保持水土、防风固沙、改良土壤、减少污染、美化环境、抵御自然灾害、保持生物多样性、维系生态平衡等方面发挥重要的作用，是人类赖以生存的基础。

人口增长和经济快速发展，导致了对森林人为干扰的加剧，如毁林、采集和狩猎等，使得森林面积减少，质量下降（Ren et al.，2007）。联合国粮食及农业组织（Food and Agriculture Organization of the United Nations，FAO）在2020年7月21日发布的《2020年全球森林资源评估》指出，2015～2020年间，全球每年的毁林量约为1000万 hm^2，尽管全球毁林速度已有所减缓，但毁林仍在持续；自1990年以来，全球森林面积减少了1.78亿 hm^2，同时，共有4.2亿 hm^2 森林遭到毁坏，即树木遭到砍伐、林地被转而用于农业或基础设施。同时，受木材贸易、农业扩张和火灾等因素的影响，森林的片段化问题加深（Potapov et al.，2017）。2000～2013年间，全球完整森林景观①的面积减少了7.2%。在我国藏东南、滇西北、川西及内蒙古大兴安岭等保留有部分完整森林的地区，亦出现了较严重的退化问题，完整森林面积减少了约11.5%（Potapov et al.，2017）。毁林、森林退化和片段化问题的加深导致了全球范围内生物多样性丧失和环境破坏（Aerts and Honnay，2011），严重威胁着生态系统安全，加剧了全球气候变化。面对环境危机和挑战，退化生态系统的恢复与重建被认为是当前应优先发展的领域，它有助于生物多样性的保护和人类社会的长期可持续发展，促进人与自然关系的改善（Benayas et al.，2009；Aronson and Alexander，2013）。

1.1.2 国家相关战略的实施为森林恢复提供了有利的契机

“农业、农村、农民”问题是关系国计民生的根本性问题，党的十九大提出“乡

---

① 森林景观是指在一定区域内，在气候、土壤和生物等多种因素长期综合作用下形成的，以森林植被为主体的异质性空间单元。

村振兴”战略，这是立足我国国情对城乡发展做出的重大战略部署。“乡村振兴”战略与“文化”、“生态”问题密不可分，要提升生态文明水平，建成生态、生活、生产和谐共生的乡村，森林是生态文明建设的“主战场”。森林恢复与保护是应对环境危机和生物多样性丧失的重要举措，是实现国家生态安全、生态系统可持续发展的重要环节，中国政府在森林恢复与保护方面付出了巨大的努力。

一方面，我国实施了一系列林业重点工程，并逐步建立了较为完善的自然保护地体系。中国天然林保护工程和退耕还林工程，是世界上在森林保护和恢复方面空前巨大的生态工程（Liu et al.，2008）。通过自然更新和植树造林，中国逐渐实现了森林的净增长（Xu，2011）。截止到 2020 年，我国森林面积 2.23 亿 hm^2，森林覆盖率 23.04%，是世界上营造人工林面积最大的国家。截止到 2020 年年底，我国已建立国家公园试点 10 处，初步建立起以国家公园为主体的自然保护地体系，保护生态系统原真性和完整性成为主要目标。另一方面，我国提出要在 2060 年实现碳中和目标。当前，减缓气候变化有两大主要途径：一是工业和能源领域提高能效，降低能耗，减少二氧化碳排放，即减排；二是保护修复森林、草原、湿地等，增加对二氧化碳的吸收，即固碳。森林生态系统是固碳主体，贡献了约 80%的固碳量。我国现有森林每年吸收 9 亿多吨碳，净吸收量达到了每年工业碳排放的 8%，而伴随着森林蓄积量和森林质量的提升，森林固碳的发展潜力巨大，森林碳汇成为寻求碳减排的自然解决方案。此外，为实现国土空间重点生态区保护和管理，我国实施了绿色生态屏障建设。森林生态系统作为重要绿色生态屏障，始终发挥着以实现国土空间生态修复为主要目标，提升生态系统服务、维护生态安全的重要功能。这一系列战略举措，都为生态文明建设指出一条明路，也为森林恢复与保护创造了契机。

1.1.3 南方集体林区的生态地位是进行森林恢复的重要缘由

南方集体林区人口密集，森林资源丰富，当地农户对自然资源依赖程度高，林业开发利用历史悠久，人地矛盾突出，同时也是全球生物多样性的热点地区，是我国的关键生态屏障，实施森林恢复是实现南方集体林区生态安全、促进人与自然和谐发展的关键。

南方集体林区多位于北纬 30°附近，在这一纬度范围内的全球其他地区，多为贫瘠沙漠带。而在此处的中国南方集体林区，存在大面积的亚热带原始森林，也是我国天然林重要分布区之一。原始茂密的森林为野生动植物的生长提供了绝佳的环境，存有世界濒危野生保护动物 2 种、中国特有野生保护动物近 10 种，同时栖息着多种鸟类，且野生植物种类齐全，是我国重要的生物基因库，在维持生物多样性、提供生态服务等方面发挥着重要作用。南方低山丘陵带作为我国绿色生态屏障的重要组成部分，承担着维护南方生态系统安全的重任。同时，南方丘陵乡村为传统山区农村，当地农户对自然资源依赖程度高，农户生计主要以山林资源为主，且南方集体林区人口稠密，因此长久以来不合理的开发使得大面积的森林遭到砍伐，生态平衡受到破坏，水土严重流失且自然灾害频发。如何积极推进退化生态系统的恢复已成为影响南方集体林区经济社会发展的关键问题。

1.1.4 亚太森林恢复与可持续管理组织为区域森林恢复提供了技术支持及最佳示范

随着人口不断增长和经济社会的迅猛发展，对森林资源和森林生态系统服务需求不断提高。为推动森林资源恢复与可持续管理，增加森林总量、提高森林质量、增强生态功能，2007 年 9 月，在澳大利亚悉尼举行的亚太经合组织（Asia-Pacific Economic Cooperation，APEC）第 15 次领导人非正式会议上，中国、美国和澳大利亚共同提出建立亚太森林恢复与可持续管理组织（Asia-Pacific Network for Sustainable Forest Management and Rehabilitation，APFNet，简称“亚太森林组织”），并写入《关于气候变化、能源安全与清洁发展的悉尼宣言》及行动计划。亚太森林组织于 2008 年 9 月在中国北京成立。

亚太森林组织致力于协助亚太区域各经济体和人民促进森林可持续经营和森林恢复，旨在通过能力建设、示范项目、信息共享、政策对话和示范项目等手段，加强区域合作，促进亚太区域森林面积的增加，提高森林生态系统质量，减缓气候变化，满足区域内不断变化的社会、经济和环境需求。具体包括以下几方面内容：一是亚太森林组织自成立以来，不断完善能力建设活动内容，通过开展主题培训、设立奖学金项目，建立林业教育协调机制、林业人力资源对话机制，探索建立林业科技交流机制，为培养区域林业人才作出了杰出贡献。二是亚太森林组织通过项目实施，示范并推广森林恢复与可持续管理最佳实践，提高亚太地区森林可持续管理水平，促进区域林业协同发展。三是亚太森林组织依托亚太经济合作组织举行高级别对话会议，并致力于推动大中亚林业合作机制、亚太林业规划交流机制及大湄公河次区域跨境野生动物保护对话机制的发展，从而促进亚太地区各经济体林业政策对话，加强信息交流，推动政策变革和林业改革。四是亚太森林组织积极利用重要国际会议等多边平台，举办边会、展览，宣传森林可持续管理理念，分享项目成果及经验，发展壮大伙伴关系。

亚太森林组织自 2016 年起，在中国南方低山丘陵区支持开展示范项目“中国南方低山丘陵区森林恢复和可持续经营示范项目（Demonstration on Sustainable Forest Management and Restoration in Hilly and Low Mountain Area of Southern China）（2016P2-CAF）”，旨在探索中国南方丘陵地区退化林地恢复与可持续经营的最佳实践，改善林区居民生活水平，为亚太地区开展森林恢复和可持续经营提供示范和借鉴。

1.2 研究意义

1.2.1 森林恢复是实现“生态宜居”、建设“美丽中国”的有效举措

“乡村振兴”战略明确提出要将生态宜居作为农村发展的重要标志，要提供良好的乡村生态环境，提升乡村的生态文明水平，建成生态、生活、生产和谐共生的乡村。同样，实现“美丽中国”是要还大地以青山绿水，还人民以美丽家园。而实现“生态宜居”和“美丽中国”，最基础的元素是森林，最大的潜力和后劲也是森林，森林质量水平的提升是实现“美丽中国”的关键。森林作为陆地生态系统的主体，不仅给城市与乡村提供洁净的空气、美丽的景观，也发挥着生态涵养、调节气候等重要作用，是实现“美丽中国”的关键。

从整体看，中国仍然是缺林少绿、生态脆弱的国家。目前中国的森林覆盖率（23%）不及世界的平均水平（30%），沙化土地超过国土面积 1/5，水土流失面积超过国土面积 1/3，森林资源和生态总量严重不足。森林恢复，从增加森林面积、提升森林质量和森林可持续经营入手，推动退化森林恢复，是实现“生态宜居”、“美丽中国”战略的重要抉择，为推动“美丽中国”战略自下而上实现开辟了新的路径。

1.2.2 森林恢复是打通“两山”转化通道、实现生态振兴的重要目标

我国林地、草原、湿地、荒漠化土地占国土面积 70%以上，分布着全国 60%的低收入人口，这些地区是生态建设的主战场。“两山”理论是要建立有效的绿色转化机制，因地制宜将绿水青山转化为金山银山，实现可持续减贫和绿色发展的共赢。“两山”背景下的生态环境建设与修复、绿水青山的实现，以及“两山”理论转化的关键都在于森林系统恢复与保护。另外，生态振兴是通过实施重大生态工程建设、加大生态补偿力度、大力发展生态产业、创新生态振兴方式等，加大对经济欠发达地区、低收入人口的支持力度，以实现经济欠发达地区扶贫开发与生态保护。生态振兴不仅是要实现经济欠发达地区发展的目标，打破“环境诅咒”，也要改善经济欠发达地区生态脆弱的现状，实现生态系统恢复。截止到 2020 年，我国已经通过实施生态补偿振兴、国土绿化振兴、生态产业振兴和生态环保振兴四种方式，带动经济欠发达地区收入水平明显提升、生产生活条件明显改善，同时经济欠发达地区生态环境得到有效改善，森林恢复成效显著，生态系统得到恢复。

森林恢复不仅在实现“两山”理论转化和生态振兴的建设目标中发挥了重要作用，也促进了地区发展和生态环境保护，对于实现在一个战场打赢生态保护战具有重要的现实和理论意义。

1.2.3 森林恢复是实现自然资源利用、促进山区可持续发展的重要基础

中国山区面积占国土面积的69%，山区分布着大量低收入人口，其中多数人口的生计方式仍然依靠自然资源，而长久以来的掠夺式开发使得森林遭到大面积毁坏，生态平衡失调，区域发展陷入“环境-贫困”陷阱。要实现山区的可持续发展，首先是不能忽视森林生态系统这个重要基础。

森林以其丰富的资源保证了山区人民的生产生活，提供了木材、经济产品、燃料等，是山区人民赖以生存的重要基础。尽管森林资源十分丰富，但森林资源的过度利用和利用的种种限制，导致森林资源没有发挥出应有的经济效应和生态效应。森林恢复以恢复森林资源为导向，通过造林和可持续经营管理的方式，实现退化林地的恢复。而退化林地的恢复使得森林生态系统服务供给能力增强，森林资源优势得到维护，山区人民开发利用森林资源得到了保障。另外，森林的可持续经营管理，将森林资源优势转化为经济优势，既可以提供新的生计方式，也可以减轻森林资源利用强度，是实现山区可持续发展的关键。因此，森林保护与林业经济发展的齐驱并进是山区可持续发展的重要基础，“经济驱动生态，生态保障经济”是山区可持续发展的关键选择。研究山区生态保护与经济发展的关系，尤其是在以森林资源为基础的前提下，就是研究森林资源的开发利用与保护，而森林恢复是重要的基础，对于山区的可持续发展意义重大。

1.3 研究内容

在案例点的研究基础上，深入研究森林退化的驱动力及森林恢复的方法策略，提出一套完整的森林恢复理论体系，为森林恢复的进一步研究提供参考，主要内容如下。

（1）森林恢复的内容与方法体系的构建，包括森林恢复的理论机制分析、利益相关者分析、森林退化的驱动力分析和森林恢复策略等内容。

（2）森林恢复的理论分析，包括森林恢复的理论机制、标准指标和恢复模式等主要问题的研究。

（3）森林退化的驱动力分析。结合案例点调查，分析历史森林退化变迁及影响因素。

（4）案例点的森林质量评价。利用实证模型，定量分析不同时期森林的总体变化状况，结合实证结果分析区域与社区森林恢复的水平。

（5）森林恢复的模式选择与策略。在案例点研究的基础上，分析相关利益者对森林恢复的认知，并结合不同森林类型的特征，研究其立地水平上的恢复策略。

1.4 研究方法

1.4.1 数据收集方法

本次调查的目的主要是通过实地调查，了解案例点森林恢复存在的问题，为后续的项目开展提供培训依据。调查中主要采用参与式访谈法、问卷调查法、文献资料法等方法。

1）参与式访谈法

（1）县局访谈：项目组前往临安区林业局（现临安区农业农村局）和青阳县林业局开展县局访谈，主要了解两地林业发展历程和现状，包括临安区高源村和昔口村、青阳县三义村和百花村的具体项目实施情况及存在的问题等。

（2）村访谈：项目组召集临安区昔口村和高源村的项目相关人员到浙江农林大学经济管理学院进行村访谈、前往百花村村委会进行村访谈，主要了解临安区和青阳县案例点的概况及项目具体施行情况。

2）问卷调查法

开展农户问卷调查，主要针对临安区昔口村、高源村和青阳县百花村三村开展了91户农户调查，其中，昔口村29户，项目参与户2户；高源村31户，项目参与户15户；百花村31户，项目参与户4户。主要了解了农户家庭基本特征和收入结构情况、农户营林情况、现有森林恢复树种经营情况和农户评价等。

3）文献资料法

收集相关文献，并到临安区林业局和青阳县林业局收集当地社会经济统计年鉴数据、林业工作总结、森林资源清查数据；在项目点收集项目实施方案等。

1.4.2 数据分析方法

对调查收集的数据和资料进行整理，利用比较分析法、描述统计法和指标评价法等方法分析三个案例点农户的基本情况、农户营林情况、当地森林退化的驱动因素及减缓森林退化的对策等。

1）比较分析法

选取高源村、昔口村、百花村为主要研究对象，对目前项目区3个案例点森林恢复的主要做法和模式进行对比分析，为森林景观恢复和可持续经营探索提供实践及理论支撑。

2）描述统计法

根据调研农户样本，对高源村、昔口村、百花村的农户问卷进行描述性分析，通过数据的统计描述来分析农户对森林恢复的认知度、参与意愿及建议意见等。

3）指标评价法

根据现有森林退化的评价指标来判别项目区 3 个案例点的森林退化状况，并对比森林退化的评价指标来评价森林恢复的现状与成效。

4）利益相关者分析法

根据项目的进展情况和评价状况，分析农户、职工、专家、政府部门、林场等利益相关者对项目发展的认知状况和政策需求。

1.5 研究路线

本研究的路线如图 1.1 所示。本研究在查阅国内外文献、对已有理论及实践

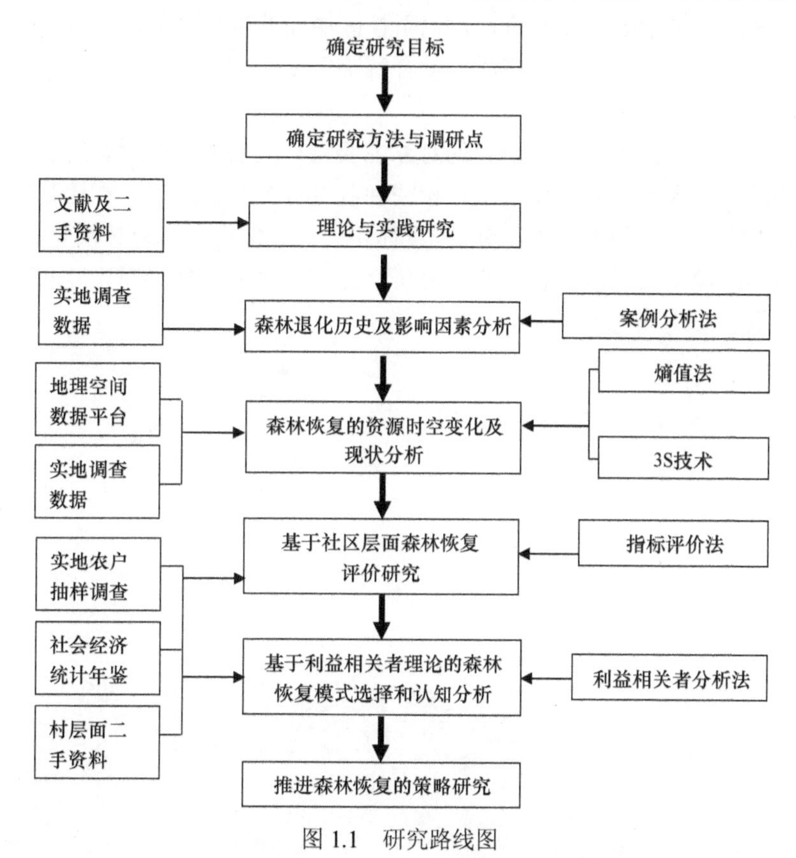

图 1.1 研究路线图

研究进行整理分析的基础上，对案例点展开调查，收集相关数据后进行分析。首先运用案例分析法对案例点森林退化及影响因素进行研究；其次运用地理空间数据平台的数据，采用熵值法和 3S 技术对森林恢复的资源时空变化及现状进行分析，并用指标评价法对基于社区层面的森林恢复水平进行评价研究；最后通过利益相关者分析法，基于利益相关者理论的森林恢复模式选择和认知分析，总结与归纳推进森林恢复的技术流程和一般模式等。

1.6 研究特色

从研究视角来看，现有的关于森林恢复水平的评价主要集中于宏观层面，本研究从中观社区层面的视角，基于森林生态-经济系统构建社区层面的森林恢复水平的评价指标体系，同时基于不同社区存在差异视角，实证揭示案例点的森林退化驱动因素与现实资源变化差异性影响，提出差异性的策略，为后续设计符合社区森林恢复项目政策提供了理论依据。

从研究方法运用来看，本研究将地理信息系统（GIS）、遥感与比较分析法、指标评价法等经济学方法相结合，讨论了社区层面的森林恢复水平方法、模式与策略，研究方法交叉，体现了多学科融合解决重要研究问题的特点，可以为今后相关研究提供工具支持。

从研究学术价值来看，本研究的对象主要是社区层面，探讨社区层面的森林退化驱动因素、森林资源变化情况、相关利益者等内容。同时，在此基础上进行森林恢复的主要做法和模式对比分析，设计相关的评价指标与森林恢复技术流程，是一次重要的探索，可以弥补现有相关研究的不足，为森林景观恢复和可持续经营探索提供实践及理论支撑。

2　国内外森林恢复的理论基础、进展与实践

2.1　森林恢复的理论基础

2.1.1　概念界定

2.1.1.1　森林退化的内涵

联合国粮食及农业组织（FAO）将森林退化定义为“某一时间内，在没有物理干扰或虫害影响等具体单一因子影响的情况下，森林退化表现为树木成熟提前、树木活力和林地生产力下降”。这种理解与对森林衰退的理解是一致的，即逆向影响林分或立地的结构或功能，从而降低森林提供产品和服务能力的森林内在变化过程。2002 年，FAO 又重新表述了对森林退化的理解，认为森林退化是森林提供产品和服务能力的降低。国际林业研究组织联盟（International Union of Forestry Research Organization，IUFRO）认为森林退化是对森林或者森林土壤在化学、生物或者物理结构方面的损害，是不正确使用和经营森林的结果，如果趋势没有改善，将降低或破坏森林生态系统的生产潜力。联合国政府间气候变化专门委员会（IPCC）认为森林退化是由人类活动引起的、一定时间内森林碳储量的长期丧失，而不是《京都议定书》中描述的毁林或特定活动（IPCC，2007）。IPCC 对森林退化的解释包含 3 个方面：森林或者植被覆盖率的变化、碳储量的变化、碳排放的估算。联合国《生物多样性公约》（Convention on Biological Diversity，CBD）认为森林退化是由人为活动引起的原有天然林正常结构功能衰退、物种组成和生产力降低，最终原有的天然林退化为次生林，即在相同地点，退化森林提供的产品和服务减少了、保持生物多样性的能力降低了。国际热带木材组织提出森林退化是森林提供产品和服务能力的降低，同时包括维持生态系统结构和功能的降低（ITTO，2002）。

国内学者对森林退化的概念有着不同的理解。张小全和侯振宏（2003）认为，森林退化因森林经营管理目的的不同，应区分不同的森林经营类型。朱教君和李凤芹（2007）则认为应区分森林退化（forest degradation）与森林衰退（forest decline）：森林退化可以理解为森林面积减少、结构丧失、质量降低、功能下降；而森林衰退则是森林退化的一种形式，指森林（树木）在生长发育过程中出现的生理机能下降、生长发育滞缓、生产力降低甚至死亡，以及地力衰退等状态。从

生态学角度看，森林生态系统退化实质上是森林演替过程紊乱（余作岳等，1996）。另外，森林退化导致的森林死亡将带来森林面积的变化（杨娟等，2006），而这一点又必须与毁林导致的面积变化区别开来。森林生态系统退化是指由于人类活动的干扰（如乱砍滥伐、开垦及不合理经营等）或自然因素（如火灾、虫害及大面积的塌方等），使原生森林生态系统遭到破坏，从而使其发生逆于其演替方向发展的过程（刘国华等，2000）。森林退化是一个非常综合和复杂的、具有时间上的动态性和空间上的各异性，以及高度非线性特征的过程（张桥和蔡婵凤，2004）。森林退化是指由于人类活动引起的林地养分耗竭、退化或农林耕地被占用，包括土壤侵蚀、土壤性质恶化和非农林占地三个方面。

国际组织与国内外学者对森林退化的定义和描述，其基本内涵是一致的，指森林所提供木质产品和生态服务功能的降低或减少。这一内涵，实质上是从森林退化所产生的结果来理解森林退化，如面积减少、功能降低、结构丧失或者降低、产品产量减少等。从森林退化原因来看，不同国际组织和学者均强调人为因素，自然因素处于次要地位。

2.1.1.2 森林恢复的内涵

1999 年，世界自然保护联盟（IUCN）、世界自然基金会（WWF）及其他一些组织，提出了“森林景观恢复（forest landscape restoration，FLR）”，以面对恢复和修正退化森林景观的产品和服务的挑战。“森林恢复”一词第一次被定义是在 2001 年，由西班牙塞哥维亚（Segovia）的森林恢复专家提出，“森林恢复是一个过程，旨在恢复采伐迹地或退化森林景观的生态完整性，提高人类福利”。FLR 合作伙伴（FLR Partnership）拓宽了此定义的理解：FLR 旨在恢复退化土地的生态完整性，提高其生产力和经济价值，而不是重建过去的“原始（pristine）”森林；FAO 对森林恢复的定义包括“森林重建（forest rehabilitation）”；Maginnis 和 Jackson（2002）认为此定义的重点是恢复景观尺度上的森林功能，而不仅是依靠增加某个地方的森林面积；巴西彼得罗波利斯研讨会强调 FLR 是一个工具，是通过建立互补的土地利用镶嵌体，而不仅是各成分的简单相加，从而实现更加广泛、更加多样化的景观目标。

成功的森林恢复是解决生态、经济和社会需求的核心，同时强调通过恢复自然过程和生态系统弹性来增强生态完整性（Dominick and Della，2003）。尽管森林恢复需要投入很多的人力、物力和财力，但它具有许多远远超出木材生产的好处，包括：增强生物多样性（Knowles and Parrotta，1995；Caravaca et al.，2003；Dosskey et al.，2012）；帮助野生动物种群的恢复（Kalies et al.，2010；Dalgleish and Swihart，2012）；帮助受阻自然扰动机制的回归（Fule et al.，2012）和生态系统服务的恢复（Benayas et al.，2009）。这里所涵盖的恢复原则是基于这样的假设，即成功的生态系统恢复必须解决生态、经济和社会需求，包括社区发展和恢复劳动力的福祉（Higgs，1997）。森林恢复的核心原则是需要基于保护生物学和生态系统恢复的综合、多学科方法，包括保存和保护完整的景观（特别是那些作为参考或基线条件的景观）（Dominick and Della，2003）。

2.1.2 森林恢复的相关理论基础

森林恢复活动是一个多学科交叉的活动，需要多学科的理论支持，从多角度分析森林恢复的相关理论，包括自然科学相关理论和社会科学相关理论。关于森林恢复的理论研究主要涉及以下方面：景观生态学、恢复生态学、利益相关者理论、产权制度理论和适应性经营。

2.1.2.1 景观生态学

景观生态学是研究一个相当大的区域内，由许多不同生态系统所组成的整体，即景观的空间结构、相互作用、协调功能及动态变化的一门生态学新分支（肖笃宁，1999）。景观生态学理论可以指导退化生态系统恢复实践，如为重建恢复所要的各种要素，使其具有合适的空间构型，从而达到退化生态系统恢复的目的。通过景观空间格局配置构型来指导退化生态系统恢复，使得恢复工作获得成功。景观生态学中的核心概念及其一般原理、斑块形状、生态系统间相互作用、镶嵌系列等都同退化森林的恢复有着密切的关系。

1）景观异质性

异质性是景观的根本属性，一个景观生态系统的结构、功能、性质和地位主要取决于它的时空异质性。时空异质性的交互作用是导致景观生态系统演化发展和动态变化的根本原因。而景观的时空异质性的交互作用导致了景观系统的演化发展和动态平衡性。景观异质性指数可以用于比较两个景观的差异，确定景观异质性是如何影响景观结构、功能与过程的。景观异质性指数可以分为四大类，即多样性指数、镶嵌度指数、距离指数、生境破碎化指数。

2）景观格局

景观格局是指大小或形状不同的斑块在景观空间上的排列。它是景观异质性的具体表现，同时又是包括干扰在内的各种生态过程在不同尺度上综合作用的结果。研究景观格局的目的是在似乎无序的景观斑块镶嵌中，发现其潜在的规律性，确定产生及控制空间格局的因子和机制，比较不同景观的空间格局及其效应。景观的空间结构影响着干扰的扩散和能量的转移，具有较大优势的斑块会对其他斑块的转化有较大影响。如土地退化景观的优势扩大，说明景观格局向较差的方向发展，最终可能形成荒漠化景观；反之，则说明退化景观的恢复治理效果较好。

3）干扰

景观可以看成是干扰的产物。景观格局变化的原因就在于对景观要素的干扰作用，这些干扰作用往往是综合的，包括自然环境、各种生物以及人类社会之间复杂的相互作用，其结果是景观系统内个别要素的稳定性和景观的空间结构发生变化。生态系统退化实际上就是一个系统在超载干扰下逆向演替的生态过程，生态系统退化的根本驱动力是人类直接或间接干扰。

4）尺度

对于生态系统的退化及其恢复与重建的认识，不能仅仅局限于生态系统，应该是跨尺度、多等级的问题，其主要表现层次应是生态系统生物群落、景观，甚至区域。生态系统与景观，简单地说是尺度上的差异，景观可以看成是生态系统的集合，景观中的斑块是一个与包围它的生态系统截然不同的生态系统。仅从生态系统这一尺度上进行生态恢复与重建，不能达到真正意义上恢复与重建的目的，必须考虑周围景观的影响，采取相应措施来减少周围景观产生的负面效应，否则，局限在小面积内的单一物种保护的生态恢复措施肯定会失败。

5）景观结构镶嵌性

各种景观要素斑块交错分布，有机地结合在一起就形成了景观镶嵌体。作为镶嵌体的景观按其所含的斑块粒度及斑块平均直径量度，可区分为粗粒和细粒景观。镶嵌性是研究对象聚集或分散的特征，在景观中形成明显的边界，使连续的空间实体出现中断和空间突变。

2.1.2.2 恢复生态学

恢复生态学是研究生态系统退化的原因、退化生态恢复与重建的技术和方法、生态学过程与机理的科学，是一门以基础理论和技术为软硬件支撑的多学科交叉、多层面兼顾的综合应用学科，是森林植被恢复重建的重要理论基础。恢复生态学的主要研究目标是恢复被损害的生态系统到接近于它受干扰前的自然状况，即重建该系统干扰前与该系统结构和功能有关的物理、化学和生物学特征，主要涉及两个方面：一是对生态系统退化与恢复的生态学过程，包括各类退化生态系统的成因、驱动力、退化过程、特点等进行研究；二是通过生态工程技术对各种退化生态系统恢复与重建模式进行试验示范研究。在森林景观恢复理论和方法中运用到的恢复生态学理论具体如下。

1）生物群落演替理论

群落的自然演替机制奠定了恢复生态学的理论基础，有两种基本演替类型，即原生演替和次生演替。与自然条件下发生的次生演替不同，生态恢复强调人类的主动作用。在自然条件下，如果群落一旦遭到干扰和破坏，它还是能够恢复的，尽管恢复的时间有长有短。一般来讲，对于一个破坏严重的生态系统，生物种类及其生长介质的丧失或改变是影响生态恢复的主要障碍，对于这一关键问题，通常选择合适的植物种类改造介质，使被破坏的生态环境变得更适合其他多数植物的生长，这样可以大大加速生态系统的重建。因此，选择适宜的植物种类是退化生态系统恢复与重建的关键技术之一。

2）生态位原理

生态位是指在生态系统或群落中，一个物种与其他物种相关联的特定时间位置、空间位置和功能地位等，反映了物种与物种、物种与环境之间的关系。这一原理告诉我们，每种生物在生态系统中总占有一定的空间和资源。在恢复和重建退化森林生态系统时，就应考虑各物种在时间、空间和地下根系的生态位分化，尽量使引用的物种在生态位上错开，因为具有相同生态位的种间，必然产生激烈的竞争排斥作用而不利于生物群落的发展和森林生态系统的稳定。在构建人工群落时，可根据各物种生态位的差异，将阔叶植物与针叶植物、耐阴植物与喜阳植物、常绿植物与落叶植物、乔灌木和草本植物等进行合理的搭配，以便充分利用系统内光、热、水、气、肥等资源，促进能量的转化，提高群落生产力（何正盛，2003）。

3）生态工程

由于退化生态系统的恢复与重建过程有很大程度的人为促进因素，并且这个过程是综合在生态系统层次上进行的，因而在一定意义上，恢复生态与重建也可以看成是复杂的生态工程（岑慧贤和王树功，1999）。生态工程是应用生态系统中物种共生与物质循环再生原理、结构和功能协调原则，结合系统最优化方法设计的分层、多级利用物质的生产工艺系统，其研究对象不仅是自然或人为构造的生态系统，更多的是社会-经济-自然复合生态系统。生态工程是退化生态系统恢复与重建中着眼于生态系统持续发展能力的整合工程和技术。其技术路线着重于恢复生态系统的内部结构和必要功能，并使之具有系统自我维持能力。

2.1.2.3 利益相关者理论

利益相关者理论是 20 世纪 60 年代左右，在美国、英国等长期奉行外部控制型公司治理模式的国家中逐步发展起来的。进入 20 世纪 80 年代以后，美国的弗里曼对利益相关者理论做了较为详细的研究，他认为"利益相关者是能够影响一个组织目标的实现，或者能够被组织实现目标过程影响的任何个人和群体"，从而正式将当地社区、政府部门、环境保护主义者等实体纳入利益相关者管理的研究范畴，大大扩展了利益相关者的内涵（李洋和王辉，2004）。

社区层面森林恢复的关键是实现相关利益者参与，需要分析森林与社区、群众生产及生活的联系，重视社区和群众在森林管理中的作用，得到当地群众最广泛、长期、持续的社会支持。森林管理的主体是乡村社区群众，应将森林的管理看成是乡村社区发展的一个组成部分，社区群众必须积极参与森林经营活动并受益；应当认识到社区和群众在森林管理技术及制度上具备丰富的知识，且具有发挥这些知识的潜力，增强他们在森林管理中主人翁的精神；应当进行林地林木权属、税费、利益分配等社会制度方面的改革，以密切森林经营和社区群众的利益关系，使他们感到林业既是他们的工作，又是他们本身的利益所在。多方参与才能使得森林恢复更好地进行。

2.1.2.4 产权制度理论

产权理论自 20 世纪 60 年代以来，逐渐引起学者们的兴趣，并且逐步成为经济学的重要分支。产权的实质就是界定对稀缺资源使用的行为规则。人类发展的历史进程见证了伴随资源稀缺性的产权结构/产权制度的变迁方向。没有产权的社会是一个效率绝对低下、资源配置绝对无效的社会。不同的产权安排导致不同的资源使用权利，从而产生不同的经济效率。产权的三个标准是指"界定标准"、"排他性"和"可转让性"。

当集体林产权长期处于共有状态，内部成员无法得到现实的利益时，出现了许多"搭便车"现象，本应是所有者的内部成员却常常成为共有财产的破坏者。产权的功能表明，明晰集体林产权是十分必要的，集体林产权主体模糊、权属多变，导致集体林经营者对收益预期不佳，不愿进行必要的投入，生产积极性长期被束缚，会严重影响到集体林的长远发展。所以，促进社区多方利益相关者效益提高是目标之一。利益相关者感知到的政策是其形成对森林恢复主观认知与评价的心理基础，而主观认知又能够影响生产决策，也能够反映项目对利益的影响方向和程度。因此，要重视社区层面森林恢复中权属明确的问题，明确森林恢复中相关的权属有利于提高多方的积极性，促进恢复项目进行。

2.1.2.5 适应性经营

"适应性经营"一词最早出现于 1978 年，是由各学科生物学家和系统分析学家在描述社会与生物圈分界面的经营导向原则时提出的。适应性经营的实施基于两个前提：一是人类对于生态系统的理解是不完全的；二是管理行为的生物物理响应具有很高的不确定性（杨荣金等，2004），因此它是以可持续经营方式经营生态系统的重要方法。

适应性经营是目前有效处理不确定性问题的管理模式，与传统自然资源经营管理方法的根本区别在于，适应性经营是从试错角度出发，经营管理者随环境变化（特别是不确定的影响），不断调整战略来适应管理需要；而传统经营管理方法一般采用行政指令，对不确定问题的考虑甚少，管理滞后现象突出。通过适应性经营能够解决相关的森林经营管理活动中的问题，使得森林恢复项目进行得更高效。

2.2 国内外森林恢复的研究进展

2.2.1 森林恢复及其影响评价

2.2.1.1 森林恢复的指标设计

评价的标准和指标体系的确定是进行森林恢复评价研究的关键。

要实现森林资源的可持续经营与发展，在发展过程中对经营发展的状态进行准确的评价，针对存在的问题找到应对的策略是林业发展建设必不可少的内容。国内外学者针对森林可持续经营的评价做了大量的研究。Hall（2001）认为国有林是森林可持续经营的基础，因此必须全面加强对国有林在森林可持续经营上的监督，并构建科学有效的评价指标体系，实现对国有林的森林可持续经营的指导，巩固可持续经营的基础，引导森林资源可持续经营的整体发展趋势。Dudley 和 Stolton（1999）研究认为对森林经营质量的评价应该包括对森林景观效果、森林资源现状、森林健康状况、生态环境效益等方面的评价，以此构建森林质量评价标准和指标会更准确。Nicklow（2005）以地理信息系统（GIS）为基础，使用大量的数据对美国国内的森林资源状况进行了分析，建立了一套基于美国森林经营实际的森林健康指标体系。在瑞典，Zhou 和 Gong（2004）运用模糊评价的方法对瑞典山区的森林经营管理进行了评价，并通过构建模型分析了制约森林经营管理的关键因素。

在森林恢复方面，国内外许多学者已提出了一些森林恢复重建的标准及指标体系。国际恢复生态学会建议比较恢复系统与参照系统的生物多样性、群落结构、生态系统功能、干扰体系及非生物的生态服务功能。Cairns 和 Pratt（1995）认为恢复至少包括被公众社会感觉到的，并被确认已恢复到可用程度，甚至恢复到初始的结构和功能条件。Bahamondez 和 Thompson（2016）提出可用如下 5 个标准判断森林恢复：①持续性（可自然更新）；②可入侵性（像自然群落一样能抵制入侵）；③生产力（与自然群落一样高）；④涵养保持力[①]；⑤生物间相互作用（植物、动物、微生物）。Lamd（1994）提出恢复与否的评价指标体系应包括造林产量指标（幼苗成活率、幼苗高度、幼苗基径、蓄材生长、种植密度、病虫害受控情况）、生态指标（期望出现物种的出现情况、适当的植物和动物多样性、自然更新能否发生、有适量的固氮树种、目标种是否出现、适当的植物覆盖率、土壤表面稳定性、土壤有机质含量高、地面水和地下水保持）和社会经济指标（当地人口稳定、商品价格稳定、食物和能源供应充足、农林业平衡、从恢复中得到的经济效益与支出平衡、对肥料和除草剂的需求）。Davis 和 Shaw（2001）认为，森林恢复是指系统的结构和功能恢复到接近其受干扰以前的结构和功能，结构恢复指标是乡土种的丰富度，而功能恢复指标包括初级生产力和次级生产力、食物网结构、在物种组成与生态系统过程中存在反馈，即恢复所期望的物种丰富度，管理群落结构的发展，确认群落结构与功能间的联结已形成。任海等（2004）根据热带人工林恢复定位研究提出，森林恢复的评估标准包括对其结构（物种的数量及密度、生物量）、功能（植物、动物和微生物间形成食物网、生产力和土壤肥力）和动态（可自然更新和演替）的研究。Aronson 和 Le（1996）提出了 25 个重要的生态系统特征和景观特征，这些生态系统特征主要是结构、组成和功能，而景观特征则包括景观结构与生物组成、景观内生态系统间的功能作用、景观破碎化和退化的程度及原因。

Caraher 和 Knapp（1995）提出采用记分卡的方法评价恢复度，这种方法是根据生态系统的各个重要参数的波动幅度，比较退化森林恢复过程中相应的各个参数，看每个参数是否已达到正常的波动范围或与该范围还有多大的差距（Ren et al.，2004）。Costanza（1992）在评价生态系统健康状况时提出了一些指标（如活力、组织、恢复力等），这些指标也可用于森林恢复评估。在森林恢复过程中，还可应用景观生态学中的预测模型为成功恢复提供参考。除了考虑上述因素外，判断成功恢复还要在一定的尺度下，用动态的观点分阶段检验。

国内外学者主要从以下几个方面进行森林恢复评价，如表 2.1 所示。

表 2.1　森林恢复评价指标

评价指标	具体指标
造林产量	造林植被盖度、乔木密度和高度、胸高、断面积、生物量和凋落物结构等
生态过程	期望出现物种的情况，适当的植物和动物多样性，自然更新能否发生，有适量的固氮树种，目标树种是否出现，适当的植物覆盖率，土壤表面稳定性，土壤有机质含量，地面水和地下水保持情况等
物种多样性	物种丰度和多度

数据来源：文献整理。

① 涵养保持力是指森林、草地等涵养水源、保持水土的能力，主要通过截流作用和下渗作用，降低河流的强度，增加地下水的水量，达到控制土壤沙化、降低水土流失的目的。

1）造林产量

造林产量的评价指标包括幼苗成活率、幼苗高度、幼苗基径、蓄材生长、种植密度、病虫害受控情况（Lamd，1994）。Ewel 等（1987）列出了 5 个标准（自我可持续性、抵制外来物种入侵、初级生产力、养分保持力、完整的生物相互作用）来判断生态系统恢复重建的成功与否。很多学者从造林植被盖度、乔木密度和高度、胸高、断面积、生物量和凋落物结构等方面对森林恢复进行评价（Parrota and Knowles，1999；Clewell，1999；Salinas and Guirado，2002；Kruse and Groninger，2003； Wilkins et al.， 2003）。

2）生态过程

生态过程的评价指标包括期望出现物种的情况，适当的植物和动物多样性，自然更新能否发生，有适量的固氮树种，目标树种是否出现，适当的植物覆盖率，土壤表面稳定性，土壤有机质含量，地面水和地下水保持情况等（Lamd，1994）。恢复生态学家运用 Odum（1969）所描述的生态系统演替特征作为参照，评价恢复是否成功。Aronson 等（1993）建议了干旱和半干旱林地退化生态系统恢复的 9 个重要生态系统特征，后来扩展到 16 个重要的景观特征，分为 3 组：景观结构生物组成；景观上生态系统之间的功能作用；景观破碎化和退化的程度、类型及原因（Aronson and Le，1996）。国际恢复生态学会提出了 9 个生态系统特征作为评价恢复成功与否的生态系统特征。

3）物种多样性

很多学者从物种丰度和多度方面对森林恢复进行评价（Reay and Norton，1999；McCoy and Mushinsky，2002；Nichols and Nichols，2003；Weiermans and Van，2003）。估计软件包（Colwell and Elsensohn，2014）用于构建基于样本的物种累积曲线，为此，汇集了每个栖息地的所有物种数据。丰度数据的两个非参数估计器，包括基于丰度的覆盖估计器和超 1（1984 年开发的一个物种丰度估计器，名为 aferChao），用来估计物种丰度（Gotelli and Colwell，2001）。采样的完整性水平是通过 ACE 和 Chacoff（Chacoff et al.，2012）将发现的物种数除以预测的物种数来计算的。辛普森多样性指数（*D*）被用作树木多样性的量度。辛普森多样性是利用物种丰富度评估软件包（Colwell and Elsensohn，2014）计算得到的（Magurran，2004）。物种丰富度（观察到的）、均匀度和多样性指数通过广义线性模型（GLM）、高斯安模型（Venables and Ripley，2002）进行了比较，随后通过 Tukey 事后试验来分离差异显著的生境。

2.2.1.2 森林恢复的影响评价

对森林恢复的影响评价，国内外很多学者主要从生态效益、社会效益和经济效益等方面开展了多种形式的研究。

1）生态效益的影响

目前很多学者对森林恢复生态效益的研究主要集中在水土保持效益和土壤改良效益方面，还有部分学者对森林恢复的水源涵养、防风固沙、调节气候、净化大气和植被恢复等方面的效益进行了研究（罗海波等，2003；杨光等，2005）。李晓屏和张伟（2000）从提高城区绿化面积的角度，研究了森林恢复在改善西宁市区生态环境质量方面的作用。罗海波等（2003）通过定位、半定位观测方法，对贵州山区森林恢复地进行地表径流研究，结果表明森林恢复能够降低坡地地表径流中泥沙含量，减少土壤养分流失。杨光等（2005）在野外调查和试验小区观测基础上，定量分析了森林恢复对减少土壤侵蚀和地表径流等的作用。罗龙海等（2006）通过对森林恢复地土壤理化性质的年际变化动态研究，表明森林恢复后不同类型林地土壤理化性质都得到明显改善。杨光等（2006）对比研究了森林恢复地土壤之物理性质、团粒结构和导水率等特性的变化。潘磊等（2006）在生态监测和野外调查的基础上，通过生态效益计量模型，对研究区森林恢复工程带来的生态效益进行了实物计量研究。Soule 等（2000）评估了 CRP 工程，结果表明，森林恢复的实施可以显著提高周围的环境质量。

2）社会效益的影响

Davy 等（1998）对森林恢复和社会因素进行了研究，结果显示，森林恢复给当地居民带来了一定的社会效益。周红等（2003）通过对贵州省森林恢复工程实施前后各试点社会经济情况的统计调查以及对典型案例的追踪调查，分析了森林恢复对贵州农村社会经济的影响，并初步评价了试点期间森林恢复工程的社会经济效益。高军等（2003）针对乌拉特中旗森林恢复实施情况，分析评价了其社会效益及存在问题，并对该旗森林恢复的发展提出了建议。

3）经济效益的影响

Tilman（1999）评价森林恢复给农户收入及农村的经济发展带来了较为积极的效益。朱红春和张友顺（2003）以陕北为例，利用经济效益评价的指标计算方法，采用定性与定量相结合的评价原则，对坡地植树、种草、发展经济的效益进行了分析评价。石培基等（2006）以甘肃各县为例，采用比较分析法和费用效益法，从退耕者所得到的经济效益角度进行了实证研究，初步开展了森林恢复政策对退耕者经济收益的影响评价。

2.2.2 森林恢复方法

为解决森林的退化问题、恢复森林的生物多样性，国内外很多学者对森林恢复的策略进行了研究。目前森林生态恢复方式的相关研究主要包括促进天然更新（assisted natural regeneration，ANR）、护理树种（nurse tree）、框架树种（framework species）、最大多样性（maximum diversity）、宫胁生态造林（Miyawaki's ecological method to reforestation）和播种造林（direct seeding）等（Lamb et al.，2005；Chazdon，2008；Elliott et al.，2013）。

1）促进天然更新

促进天然更新是指通过人为地消除或减少森林自然更新的障碍以促进本土植被自然恢复的方法。通过控制杂草、消除自然或人为的干扰（如火烧、放牧、非法砍伐等）和改良不适宜的微环境以促进自然更新幼苗的生长，恢复森林生境以吸引种子传播动物的到来，从而实现森林的自然恢复（Shono et al.，2007）。该方法属于广义的封山育林，封育结合，强调“育”的人工辅助作用。此外，该方法所需投入较少、简单易行，一般不需要人为采种育苗和种植管护，易于在较大范围内推广实施；但需要有较丰富的森林生态学知识，对限制更新的因素进行有效的诊断，及时掌握恢复动态。ANR 的成功依赖于持续的保护和人为干预。这种方法适用于退化程度低、离原始林较近，且已有一定程度的自然恢复（有先锋树种、残余树、萌生苗或更新幼苗存在）发生的地方。然而，自然恢复地点通常只会恢复部分的原始森林多样性（如缺乏一些珍稀濒危物种），为达到理想的物种组成，有时需要补植、补播一些物种（Hardwick et al.，2004）。

2）护理树种

护理树种方法是种植一种或几种护理树种（nurse tree）来启动恢复，通过立地条件的改善，从而促进其他植物的定植，以加速森林的演替进程（Lamb，2011）。护理树种一般是速生的先锋物种，许多乡土树种可作为护理树种（如一些豆科固氮树种），有时也会使用一些外来树种，如金合欢（*Acacia* spp.）等（Ren et al.，2008）。护理树种担任着“促进者”的角色，它们通常能适应退化地的恶劣条件，易于繁殖、生长迅速并可快速形成郁闭，通过对微环境的改善（如改良土壤、温度、光照并有效控制杂草等），形成有利于其他物种的种子萌发和幼苗生长的条件，从而促进目标物种的更新和建立（Padilla and Pugnaire，2006）。该方法适合于退化较严重、土壤和微环境条件较差的地区，如矿区迹地和干旱区等。该方法的优点是简单易行、投入较低；此外，护理树种也可适时收获（合理择伐）以提供额外的经济收入；缺点是恢复地点需靠近原始林以便提供可靠的种源和种子传播动物，有些护理树种后来可能会成为演替发展的障碍，需要择伐去除。

3）框架树种

框架树种方法首先在澳大利亚的昆士兰州发展起来，后被成功应用到泰国北部热带森林的恢复中（Elliott et al.，2003）。该法通过选取 20～30 种（或约 10% 的原始林树种数量）关键树种混合种植起来，以形成森林恢复的基本结构框架，从而促进森林的自我更新和恢复。这些树种要求在苗圃里易于繁殖，在野外具有较高的存活率，并可快速生长，形成能有效控制杂草的树冠，同时能够较早地开花结果以吸引传粉者和种子传播动物等。通过框架树种的培育形成了森林恢复的“更新核”，促进了种子传播者的到来，逐渐形成有助于幼苗更新的微环境条件，加速了森林的自我更新进程，进而恢复森林的生态过程和功能。这种方法是对传统的、仅使用少数几种速生树种的森林恢复方式的较大改进，它包含了演替的先锋物种和顶级物种，以加速演替的进程。框架树种方法是护理树种方法的一个发展版本，但使用了更多的物种。目前该方法已在泰国、中国、老挝、柬埔寨、越南、乌干达和巴西等国家推广应用（Elliott et al.，2008）。该方法适合于靠近天然林的地方，这样靠近种源，且天然林可提供潜在的种子传播者。该法不适于在高度退化的、远离完整森林的地区造林，在这些区域种子的自然传播往往受限，这时可用最大多样性的方法来恢复森林。

4）最大多样性

最大多样性方法是尽可能按照生态系统退化前的物种组成和多样性水平来种植多样的物种，它们中的许多是演替成熟阶段的物种、少数的先锋物种，还包括一些传播能力较差的、具有较大种子的物种以及珍稀濒危物种，并尽量涵盖不同的生活型和功能群（Knowles and Parrotta，1995）。实际使用的物种量取决于生物多样性快速恢复的需要和当地苗圃的生产能力。该法适合于离天然林较远、退化程度较高、种子自然传播效率较低的地方。该法的优点是在早期就可以获得较高的物种多样性，并确保了一些关键物种的存在。但它要求高强度的人工管护，因为许多演替后期阶段的物种生长较慢，存活率相对较低，需要后期补植，且对种苗的需求量大，技术和资金投入较高。

5）宫胁生态造林

宫胁生态造林法是由日本横滨国立大学教授、著名植被生态学和环境保护学家宫胁昭（Akira Miyawaki）博士发明的一种植被恢复方法。与最大多样性方法相似，宫胁生态造林法依据对植被和群落演替动态的研究，选取至少 10～20 种乡土树种（主要是群落的建群种和优势种，辅以一定数量的伴生种），将它们的幼苗混合密植，加上适当的土壤改造，可在20～50年的较短时间内恢复森林，用于营造近自然的多层次环境保护林（Miyawaki，1999）。种植前需培育大量的盆栽苗，种植后的早期需加强管护，以保障幼苗的存活和生长。由于主要种植了顶级群落内的优势种，加快了演替的进程，成林时间较短。该方法已被广泛用于宜林荒山的植被恢复和城市绿化，并在世界范围内推广，已先后在我国北京、上海、山东等地应用（王仁卿等，2002）。

6）播种造林

相对于植苗造林，播种造林法是通过直接播种目标物种来促进森林更新的方法。选取的目标物种一般是因缺乏种源而难于自然更新的乡土种，特别是一些种子传播能力受限的演替后期物种（Cole et al.，2011）。该方法管理简单，花费较低，无须苗圃育苗，节省时间和劳力；但对种子的需求量大，种子播种后易受种子生活力、捕食压力和微环境等因素的影响。因此需对种子的来源、质量、发芽率，以及幼苗的存活率和生长速度进行有效监测，以便及时确定抚育措施。该方法适合于缺乏种源的退化林地及较偏远的人工种植困难地区，也可用于人工林的抚育更新，且常与其他恢复方法结合使用（Doust et al.，2008；Wang et al.，2011）。

综上，作为一种特殊的再造林模式，森林生态恢复将生物多样性的恢复作为主要目标，可服务于野生动植物保护、环境改良和生态旅游等，也能为当地社区提供多样的林产品。林地的退化类型和程度不同，在不同的恢复方法下，人为干预的强度和投入亦不同（Lamb et al.，2005；Chazdon，2008）。ANR与框架树种方法适合在退化程度低、有较近种源的地方使用；护理树种方法适用于矿区迹地等退化程度高的地方；最大多样性法和宫胁生态造林法则常用于退化程度较高但需快速恢复多样性的特殊区域（Hansen et al.，2013）。因所需的投入较低，ANR、播种造林法和护理树种法较适合在景观尺度内推广实施；其余方法因涉及选种、育苗和种植等环节，技术和资金投入较高，目前仅在有特殊恢复需求的地区和小尺度的恢复试验中应用。一般来讲，最大多样性法的恢复速度较快；框架树种法的恢复速度中等，但取决于周围的景观格局；护理树种法的恢复速度因护理植物的选取而异；自然恢复的速度会很慢，仍有频繁干扰时可能不会恢复（Lamb，2011）。

2.2.3 森林退化和森林恢复的关系研究

森林退化与森林恢复的概念和关系如表2.2所示。森林生态系统的退化实质是一个系统在超载干扰下逆向演替的动态过程（包维楷和陈庆恒，1999）。在一个气候区域内，演替都将汇聚为一个或一组稳定而成熟的植物群落或顶级群落。在受迫生物群落逆行演替的任一阶段，只要环境受迫未超过生态阀值，一旦停止干扰，群落就从这个阶段开始它的恢复过程。因而，森林恢复和重建植被必须遵循生态演替规律，重建其结构，恢复其功能。森林恢复是相对于森林退化而言的，恢复的实质就是恢复被破坏的森林生态系统的有序演替过程，这个过程使森林生态系统可能恢复到原先的形态（Maginnis and Jackson，2002；Dosskey et al.，2012）。在自然条件下，遭到干扰和破坏的森林生态系统在停止干扰后是能够恢复的，尽管恢复的时间较长。森林恢复活动通常在立地条件恶劣、森林退化严重、自然演替较缓慢的立地上进行，因此可促进森林的自然演替。森林恢复通常不具商业目的，但通过森林恢复可减缓森林退化，增加牧业收入或游憩价值，还可减少土壤侵蚀，增加生物多样性。

表 2.2　森林退化与森林恢复的关系

	森林退化	森林恢复
实质	超载干扰下逆向演替的动态过程	恢复被破坏的森林生态系统的有序演替过程
条件	超载干扰	干扰未超过生态阀值，且干扰停止
结果	生物群落受迫逆行演替	森林生态系统可能恢复到原态
联系	森林恢复是相对于森林退化而言的，森林恢复活动通常在严重森林退化或自然演替较缓慢的立地上进行，森林恢复可减缓森林退化	

数据来源：文献整理。

2.2.4　研究述评

目前国内外学者对森林退化和森林恢复已经开展了一定的研究，构建了相关指标体系量化森林退化和恢复的水平。其中，对于森林退化及其驱动因素的研究主要集中于自然科学领域，即从自然因素如自然灾害、病虫害和生态环境改变等方面解释对森林退化的影响。在社会经济因素方面，我国有不少学者开展了如土地利用政策变化、采伐经营方式等的研究，也主要是基于宏观数据，运用自然科学和社会经济交叉的研究方法（如地理信息系统和空间计量方法等）来开展相应的分析。在森林恢复方面，自然科学领域很多国内外生态学和林学专业学者从森林生态系统及林分层面讨论了森林恢复的具体方案、技术规程和手段；而在社会经济领域，国内外学者基于一系列的生态恢复工程项目（尤其中国学者以林业重点生态工程为案例点）讨论了森林恢复对农户生计结构、地区经济发展等的影响。

从目前现有的国内外研究来看，虽然取得了不少的研究成果，但仍然存在以下不足。

一是基于社区层面的森林退化和恢复指标体系构建明显缺乏。目前对于森林退化和恢复的指标体系构建主要集中于自然科学领域，主要是基于林分层面的讨论；现有森林可持续经营等指标体系虽然也与森林退化和恢复相关，但都基于宏观层面如国家、洲际乃至全球的评价，而从社区层面出发，结合村的生态、经济和社会等各方面构建森林退化和恢复指标体系的相关研究明显不足。“村”是实现森林可持续经营的最基本单元和组织，因此构建社区层面的森林退化和恢复指标体系又显得尤为必要。

二是将自然、经济和社会等研究领域及方法结合，从社区层面全面系统地讨论森林退化驱动因素的相关研究明显不足。目前，将自然科学与社会科学领域结合讨论森林退化驱动因素的研究主要集中在中观（省级层面）或者国家层面，或在区域层面上围绕某一具体森林生态工程项目进行讨论（如退耕还林工程）；而在中国，从不同社区层面将自然、经济和社会等研究领域和方法相结合讨论森林退化驱动因素的相关研究明显不足，其中主要原因是社区层面数据获取性所带来的挑战。一方面，森林退化的驱动因素需要基于长期资源和社会经济历史数据来进行判断；另一方面，森林恢复的状况评价也由于营林的长周期性，需要一定的过程才能识别。

三是目前森林恢复策略的研究主要集中在林分层面，而针对社区利益相关者需求，以及目前中国南方集体林区森林退化的实际状况和原因，涉及森林恢复策略的研究明显缺乏。目前国内外针对森林恢复策略的研究主要集中在自然科学领域，某种意义上更属于森林恢复的经营方案和技术规程，主要集中在林分层面，且主要根据自然因子讨论森林恢复方式，缺乏从地区社会经济发展视角来讨论此恢复模式的适用性和可行性。而针对社区利益相关者需求，以及目前中国南方集体林区森林退化的实际状况和原因，从自然、经济和社会系统视角出发，构建适合村层面森林资源可持续经营的森林恢复策略研究明显缺乏。

2.3 森林恢复的国内外实践探索

2.3.1 国内外森林恢复的实践

森林覆盖了地球 1/3 陆地面积，它能够荫庇人类，让人们获益良多。森林提供的各类林产品成为许多人的生活必需品，便捷了人们的生活；森林提供的舒适环境为人们提供了户外运动、休闲娱乐的空间，增进了人们的身体健康；甚至对于世界各地的弱势群体来说，森林是他们不可或缺的安全保障，可以在供应链中断时提供食物和收入来源。

森林拥有的资源慷慨地养育着人类，但这并不意味着人类可以肆意掠夺破坏森林。毁林和森林退化不仅导致了生物多样性的大量丧失和生态系统服务能力的下降，而且已经使森林成为全球重要的温室气体排放源。森林恢复是减缓（减少）毁林和森林退化的重要途径，与人类福祉息息相关。我国以及国外许多国家，已经开始逐渐认识到毁林和森林退化是实现消除饥饿、减轻贫困和适应气候变化可持续发展目标的巨大障碍，因此国际上许多国家正独自或联合起来，持续地进行森林恢复活动。

2.3.1.1　国内森林恢复的实践

1）新疆天山西部天然林保护工程

天然林资源保护工程（简称“天保工程”，NFPP）是中国一项重要的林业生态工程，通过有序限伐、禁伐天然林资源、调减木材产量、保护和培育天然林、改善和保障林区民生等措施，主要解决我国天然林的休养生息和恢复发展问题，对维护国家生态安全、确保国家木材安全、应对气候变化及保障林区社会稳定等具有重要意义。

新疆维吾尔自治区天山西部林区，拥有十分珍贵的天然云杉林资源，云杉林地面积占新疆天然林有林地总面积的 44.9%，是构成天山乃至新疆森林生态系统的主体。天山西部林区隶属于天山西部国有林管理局，属于国家天然林资源保护工程核心区范围。“天保工程”实施 20 余年来，林区森林资源、森林群落结构、生物多样性明显改善。“天保工程”二期主要采取保护和资源培育相结合的措施，积极利用自然力修复生态、促进资源恢复。

在 2005 年停止商品性采伐以前，天山西部林区森林资源被长期过度采伐，并且存在毁林放牧现象。“天保工程”实施后，林区进行植树造林，保护灌木林并防止过度放牧，保持了天山西部林区的可持续发展。2010 年至 2016 年间，林区非林地变化较明显，转为有林地 7370.1hm^2，转为灌木林 11 536.23hm^2；总体生物量增加了 126.00 万 t，增加比例为 2.49%；蓄积量增加了 208.74 万 m^3，增加比例为 2.99%。总体来说，整个天山西部国有林管理局的“天保工程”区域内，林木蓄积和生物量都较为稳定且有缓慢增加趋势，从量化的数据指标可以看出，“天保工程”在该地取得了较好的成果。

2）科尔沁沙地防护林体系建设工程

科尔沁沙地位于三北防护林体系建设工程范围内。三北防护林体系建设工程（以下简称“三北”工程）始于 1978 年，工程范围包括我国西北、华北北部及东北西部和新疆生产建设兵团，涵盖了我国 95%以上的风沙危害区和 40%以上的水土流失区，是中国北疆抵御风沙、保持水土、护农促牧的绿色长城，被誉为“世界生态工程之最”。“三北”工程预计通过 73 年的持续建设，使工程区域的粮食安全得到保障、水土流失得到控制、土地沙化面积减少，从根本上改善生态环境和人民群众的生活条件。

科尔沁沙地位于内蒙古自治区东部、吉林省西部和辽宁省西北部交界地区，土壤以非地带性棕壤、暗棕壤、黑垆土，以及地带性的风沙土、草甸土、盐碱土为主，其中风沙土所占比重最大，占土壤总面积的 44%。生态环境退化问题不仅威胁到了当地的生产生活安全，而且严重威胁到辽西平原和华北平原的可持续发展。

“三北”工程实施以后，科尔沁地区大量种植樟子松、小叶杨、小叶锦鸡儿等有利于防风固沙的树种，采用围封、自然恢复等措施，逐渐形成了樟子松人工林、小叶杨人工林、小叶锦鸡儿人工林、围封草地、天然恢复的固定沙地及流动沙地，其中小叶锦鸡儿对土壤粉粒恢复效果最好。“三北”工程实施 40 余年来，该地区防护林面积持续稳定增长，2000～2016 年科尔沁东八旗的防护林面积年均增长速度为 2.18 万 hm^2，森林面积 37 万 hm^2，森林覆盖率提高了 8.52%。同时，“三北”工程通过合理规划工程建设和资金分配，实现了资源的优化配置，对农民收入的增加和社会经济的发展都有显著的贡献。

3）甘肃定西市安定区退耕还林（草）工程

退耕还林（草）工程始于 1999 年，该工程旨在增加林地和草地面积，减缓水土流失，将容易造成水土流失的坡耕地有计划、有步骤地停止耕种，按照适地适树的原则，因地制宜地植树造林，恢复森林植被，并在此基础上通过生态补偿、推动土地利用结构的变化及产业结构的调整提高农民收入，实现生态环境恢复与农村社会经济的协调发展。退耕还林（草）工程建设包括两个方面的内容：一是坡耕地退耕还林；二是宜林荒山荒地造林。

甘肃省定西市安定区地处陇中黄土高原的核心区，属中温带干旱半干旱区，降水稀少且时空分布严重不均。由于长期以来的植被破坏和不合理的土地利用等，使得该区沟壑纵横、水土流失严重。水土流失破坏了原有土壤结构，降低了土地生产力，导致该地区农业发展受阻，其他产业发展后劲不足，陷入社会贫困、经济贫困和生态贫困的恶性循环。

退耕还林（草）政策颁布后，在当地政府的引导下，农户逐渐放弃水土流失严重、粮食产量低而不稳的耕地，大力推行坡改梯建设（即将坡耕地建设成水平梯田），并且积极进行退耕配套荒山造林和封山育林。截止到 2017 年，全区退耕还林总面积 7.06 万 hm^2，其中退耕地造林 3.59 万 hm^2、退耕配套荒山造林 3.32 万 hm^2、封山育林 0.15 万 hm^2，森林覆盖率由工程实施前的 10.2%增加到 2017 年的 17.8%，采用林草兼作的种植模式种植了近 2.7 万 hm^2 紫花苜蓿。退耕还林（草）政策实施后的 20 余年里，安定区的农田和低覆盖度草地面积比重有所下降，中高覆盖度草地、林地比重逐步增加，梯田面积和玉米、马铃薯等秋粮作物种植面积也有较大幅度增加，植被覆盖面积增加的同时提高了农村居民纯收入。由此可见，在该地区退耕还林（草）成果较为显著。

4）内蒙古乌审旗达布察克镇防沙治沙工程

由于过度开垦、过度放牧、滥樵采、滥用水资源，我国北部地区土地沙化严重，多次发生浮尘、扬沙、沙尘暴天气，给北方地区的生产生活带来严重的影响。2000年，国家在环北京地区先行启动了防沙治沙示范项目，试点范围包括北京、天津、河北、山西和内蒙古5省（自治区、直辖市）的65个县。示范内容包括节水型草库伦建设、牧业生产改革、沙化草地治理、动沙丘治理、退耕还林还草、小流域综合治理和林草植被保护试点7种类型。

乌审旗位于鄂尔多斯构造剥蚀高原向陕北黄土高原过渡的洼地——乌审洼地，土壤以风沙土分布最广，约占全旗土地面积的78.3%，其他土壤类型依次为草甸土、栗钙土、盐土、黄绵土、沼泽土等。

达布察克镇位于乌审旗中部，其防沙治沙模式可以概括为城镇周边的“三圈模式”。第一圈层是以达布察克镇为核心的绿化景观带，绿化景观带的宽度主要取决于城镇的规模，在该圈层内的绿化物种既有防沙治沙的效果，又有景观美化的效果。第二圈层为沙丘（地）封禁与农牧业生产区，包括两个次级圈层：①设施农业次级圈层，该圈层靠近城镇，是城镇居民日常消费的农副产品生产基地，与当地平均农业生产水平相比，为节水型高效农业；②远郊沙丘（地）封禁与农牧户独立生产次级圈层，该圈层范围较大，大面积用于生态环境建设和保护，小面积用于农牧业生产。第三圈层是沙丘（地）封禁保护圈，该圈层位于乌审旗的西北位置，是对来源于上风向沙尘的第一道防护屏障，属于典型的防风固（阻）沙生态林。在“三圈”模式的保护下，达布察克镇虽地处半干旱地区，降水少且附近经常有沙尘天气，但仍能从事正常农业生产及大面积植被恢复。“三圈”模式在保护达布察克镇免风沙侵袭的同时，也削弱了风力，为其他地区防风固沙工程减轻了压力。

5）山东黄河三角洲国家级自然保护区建设工程

自然保护区是保护和管理自然资源、保护生态系统多样性、保护丰富的物种及其遗传资源的重要场所。山东黄河三角洲国家级自然保护区位于东营市，1992年经国务院批准建立国家级自然保护区，2013年10月该保护区被列入国际重要湿地名录，主要保护对象为黄河口湿地生态系统和珍稀濒危鸟类。黄河三角洲是世界上土地自然生长最快的新生湿地生态系统，也是我国暖温带最年轻、最广阔、保存最完整的湿地生态系统。

在保护区建立之前，由于三角洲地区人口的急剧增长、社会经济的迅速发展，对自然资源的需求日益增加，以牺牲和浪费资源为代价，造成了林木大量砍伐，草场、沼泽开垦，草地过度放牧，不合理开发水面和滩涂，海洋和淡水水产过度捕捞，超计划利用水、地资源的现象，导致了湿地生物生存环境被破坏，影响到物种的正常生存，以至处于濒危状态。在保护区建立之后，保护区内实行湿地补水机制，对因缺水导致功能退化的湿地，有计划地进行补水，保护和恢复湿地功能，并且将核心保护区和缓冲区内海域列为公益事业用海，不允许开展生产经营活动；同时，禁止了砍伐林木、排放污水、违法建设等一系列可能破坏保护区的行为。虽然目前人类生产生活对保护区的负面影响依旧存在，但与建立保护区之前相比影响要小很多。

截止到2019年，保护区内草地、耕地和未利用地等土地利用类型面积减少，减少的草地、耕地和未利用地等主要转为建设用地（城乡居民点、工矿用地）和水域湿地等，主要表现为保护区内盐田和养殖塘面积的增加。由于人类的保护，自然保护区内的动植物数量、植被覆盖面积都有显著增加，但人类生产生活的需求仍对保护区产生了负面影响，导致保护区内还存在一定程度的湿地退化和污染加剧问题。

6）广东茂名市速生丰产用材林建设工程

重点地区速生丰产用材林建设工程是我国新时期确立的六大重点林业工程之一，是从根本上解决我国林木产品供应短缺问题的产业工程，该工程于2002年7月4日经国家发展计划委员会（现国家发展和改革委员会）批准实施。该工程的实施不仅有利于林业工业的发展、壮大林业产业自身经济实力，而且对减轻现有森林资源特别是天然林资源保护的压力、巩固来之不易的生态建设成果有重大而深远的意义。

广东省西南部的茂名市，由于其优越的地理环境和气候特点，成为我国南方集体林区速生丰产用材林重点建设的基地之一。茂名市地处热带和亚热带的过渡地带，全年光照充足，气候较为温和，非常适合桉树、毛竹、南洋楹等速生丰产树种的生长。

自速生丰产用材林建设工程实施以来，茂名市大面积种植桉树，截止到2015年，全市桉树面积超过65 000hm^2。此外，速生毛竹林的种植面积也达到了40 000hm^2。为了推动速生丰产用材林的规模化、集约化经营，茂名市林业部门先后建立了桉树、马占相思、南洋楹等树种的速生丰产用材林示范基地，种植面积均在20hm^{2}以上。通过大面积种植速生丰产用材林，茂名市林业总产值占比越来越高，2009年就已接近农业产值的1/4。现在，规模化、集约化经营速生桉、高脂松、湿加松、速生杉已经成为茂名市林业产业发展的新亮点，林业正式成为林区农民增加收入的重要来源之一。

2.3.1.2 国外森林恢复的实践

1）巴西亚马孙地区保护区项目

近十几年来，巴西森林大面积减少，首要原因是近年来大量移民涌入亚马孙地区，造成农业耕地紧缺，因此亚马孙外围地区毁林造田现象十分普遍。此外，由于缺乏有效的管理，无序采矿、修路、建房是造成大面积伐林的另一原因。与此同时，人为或自然因素引发的大火也使森林面积不断减少。

亚马孙河中心综合保护区位于巴西亚马孙州马瑙斯市西北部大约200km处。亚马孙河全长6400多千米，是世界上径流量最大、流域面积最广的河流。亚马孙河流域大部分在巴西境内，并在很大程度上保留了原生状态。亚马孙河中心综合保护区是亚马孙最大的保护区，也是世界上生物最多样化的区域之一。

巴西政府预计出资约1.4亿美元用于有关森林保护项目，例如，绘制亚马孙流域图，建立有关保护区，以便分区域使用资源、完善有关政策等；制定有关法律，阻止非法占地行为，建立印第安人保护区，对私人土地所有者登记入册；政府民事办负责计划的协调工作，环境保护部、国防部、外交部等10个部委是其计划的执行机构；建立森林保护预警机制，国家航天局通过地球卫星图像监控雨林，直升机快速反应部队配合行动，实施森林保护应急措施；分区限制自然资源的开采活动，阻止破坏亚马孙雨林的行为。

2）德国森林修复工程

德国森林修复的基本法律是1978年制定的《联邦环境保护法》、1982年的《联邦森林法》、1984年的《联邦自然保护法》、1988年的《森林损害补偿法》、1996年的《生态税费改革法》，这些单行法与基本法共同构成了德国的森林生态补偿法律体系。

德国很早就没有了原始森林，但全国各种立地生长区还残留下一些天然林，通过对现有的天然林区域进行合理区划、分类保护，在尽可能发挥天然林基本功能的前提下，合理开发利用其各种功能，推进林区资源的协调发展。到1997年，德国已有天然林保留区651个，面积达21 795hm^2，占森林面积的0.21%，开展科学研究是建立保留区最主要的目的。目前，德国大部分的森林都是通过天然或人工促进天然更新、大力发展阔叶林和混交林、调整树种结构等方式恢复起来的。通过接近自然恢复的方式，使森林资源分布均匀，将森林特有的生态作用与经济效益统一起来，确保生态系统协调、生态环境持续稳定，并且通过严格的法律禁止在划定的区域中修建道路和商业性采伐，出于环境原因或需降低火险时例外。

3）新西兰森林修复工程

新西兰实行分类经营，根据自身国情及森林资源的结构性不同，采取了与上述不同的模式，通过大力发展、采伐人工林，使得天然林资源消耗的压力大幅度降低。新西兰森林面积达 770 万 hm^2，其中天然林占 83.1%，人工林占 16.9%。在新西兰实行的最主要森林经营政策是，根据不同的指标将大部分天然林划为各类保护区，在符合有效保护和可持续经营的条件下只允许采伐特定比例的天然林。从现有的林地中划出部分集约经营人工林，实行商业化管理。国家每年商品材采伐量基本全部依赖于速生、丰产、集约经营的人工辐射松林的采伐。

新西兰从生态环境和森林资源永续利用的长期发展战略出发，通过中央政府与地方政府之间签订协定、制定保护目标、建立永久性的国家公园和自然保护区等措施，保护天然林，通过森林分类经营，既实现了人工林持续经营，获得了可观的经济效益，又保护了天然林资源，使生态环境和森林资源实现可持续发展。

2.3.2 森林恢复实践的启示

森林恢复是遏制生态环境恶化、改善脆弱生态系统的有效措施。世界上许多国家都已行动起来，制定相关的森林保护政策和生态修复工程来保护及恢复森林。上文选取了国内外部分林业重点工程和林业政策，通过对这些工程和政策的分析，可以得出以下启示。

1）加大财政支持力度，持续保障资金投入

我国的六大重点林业工程无论哪一个都需要巨大的资金支持，例如，“三北”防护林体系建设工程截止到 2018 年累计完成总投资 933 亿元；天然林保护工程截止到 2019 年，中央财政投入已超过 4000 亿元。由于国家在各林业工程上给予了强大的资金支持，使得各林业工程在植树造林、封山育林、易地搬迁等工作中进行较为顺利。森林恢复工程覆盖面积极广，是一个功在当代、利在千秋的工程，优质的森林资源将造福我们的后代。然而，进行森林恢复是一个耗时、耗力且旷日持久的过程，因此长期一致的政策和雄厚的资金支持在森林漫长的恢复过程中必不可少。

就目前国内森林恢复的情况来看，森林恢复的投资范围主要是造林投资，对造林后的抚育、管理及后期可持续经营的费用和规划投资的科研项目费用来说，资金仍相对缺乏。由此导致出现工程科技含量不高、防护林构建与经营的理论及技术缺乏、工程管理与技术人员缺乏相应的培训、成果转化率低、没有完整的检测与评价体系、管理水平不高等问题。

2）依据资源承载能力，科学植树造林与种草并重

世界上不同的国家和地区，土地质量会有显著的差异，进行森林恢复的过程中应该根据当地的资源承载能力，尤其是水资源和土壤肥力的承载能力，有针对性地挑选适宜生长的树种和农作物，例如，应在缺水少雨的“三北”地区种植樟子松、小叶锦鸡儿等耐旱且有利于防风固沙的树种；在土壤肥沃、降水充裕的南方地区种植毛竹、桉树等兼顾生态效益和经济效益的树种。要以水定区、以水定林、以水定草，大力发展节水林业、雨养林业，注重森林恢复过程中生物的多样性和树种的多样性，实现自然恢复和人工修复的有机统一。同时，要尊重自然与科学规律，遵循生态系统的演替规律，做到植树造林与种草并重。

3）重视森林生态效益，兼顾社会经济效益

进行森林恢复的主要目的是增加森林的面积、提高森林的质量、增强森林的生态效益，但这并不意味着不重视森林的社会效益和经济效益。在生态效益方面，森林恢复使森林覆盖面积大幅增加，碳储量大幅增加，恢复了原有的森林生态系统，保护了生物的多样性。在社会效益方面，森林恢复改变了林区人民的生活环境，创造了大量的就业机会，吸纳了大量农村劳动力，帮助山区人民实现了稳定脱贫。不仅如此，国内外诸多的林业政策及林业重点工程，提高了人们对生态的重视，推动世界林业转型，为以后各项林业政策及节能减排政策的顺利实施奠定了基础。在经济效益方面，森林恢复在大面积保护森林并人工种植防护林、用材林、经济林的同时，大力发展特色林果种植、木材加工、林下种养殖、休闲观光等产业，不仅丰富了市场上林产品的数量和种类，减少了我国对进口林木产品的依赖，还解决了各林业工程区的林农就业和增收问题。

4）加大经营保护力度，维护森林恢复成果

森林恢复的成果来之不易，但巩固和发展现有的恢复成果更是一个任重而道远的过程。一般需要进行森林恢复的地区大多是森林生态系统已被严重破坏，或者是依靠森林自然恢复已经不可能实现的地区，因此在进行人工恢复过后极有可能因为环境不适宜或者人工修复过程不合理而导致森林进一步退化。森林恢复成功与否不能在某一时点定论，而应交给时间来判断。各林业工程区在进行初步的建设和恢复后，应重视后续的技术和资金支持，及时观测恢复成果，做好补植、灌溉工作，巩固来之不易的恢复成果。与此同时，由于林业生态工程建设具有长期性、艰巨性、复杂性、反复性等特点，森林恢复的建设性质和建设区域特点决定了林业工程项目必须重视科技进步，只有通过不断的科技创新，才能为森林恢复不断注入新的活力和动力。

2.4 本 章 小 结

目前国内外对森林退化和恢复已经开展了一定的理论和实践研究。理论研究方面目前主要集中在宏观层面森林退化和恢复的指标体系构建，但大多集中于自然科学领域，从社区层面出发，结合生态效益、经济效益和社会效益等各方面构建森林退化和恢复指标体系的相关研究明显不足。实践研究目前主要是针对特殊地区进行的森林恢复，并未形成规范的、可复制的森林恢复策略，且森林恢复策略目前的研究主要集中在林分层面，而针对社区利益相关者需求，以及目前中国南方集体林区森林退化的实际状况和原因，涉及森林恢复策略的研究明显缺乏。

本研究通过构建基于社区层面的森林退化和恢复指标体系，并结合长期资源变化数据和实地调查所收集的村层面社会经济数据，评价社区的森林退化及其驱动因素，在此基础上提出符合当地社区利益相关者需求的森林恢复策略，弥补了目前国内外森林退化和恢复研究的不足，可以为南方集体林区社区层面的森林退化和恢复评价提供工具，同时为当地促进森林可持续经营和森林恢复提供重要的决策依据。

3 案例点森林退化历史及影响因素分析

为更好地了解案例点的森林退化情况，进一步促进森林恢复项目的进行，对三个案例点历史上的森林退化及影响因素进行总结与分析。

3.1 案例点森林退化变迁历史

3.1.1 高源村和昔口村

高源村和昔口村位于浙江省杭州市临安区，两者的森林退化情况相似。从整个临安区森林清查数据可以看出，临安区森林面积从2004年的21.97万hm^2增长到2018年的27.06万hm^2，年均增长率为1.50%。数据虽然显示森林面积都有所增加，但森林的质量却在下降。近几年案例点遭森林病虫害侵蚀现象严重（松材线虫），高源村受灾最严重，达33.33hm^2，虽进行林分改造，但新造林树木生长缓慢，使其很难发挥森林的防风固土等功能，因此森林在短时间内很难恢复原貌。此外，临安区高源村还存在石质山、土地石漠化问题（水土流失、早期毁林开荒、过度经营等原因），新造林树种很难适应这种土质条件，无法保持持续稳定生长，且林地细碎化程度严重，因而其森林抗干扰能力较差。由此可以看出，案例点的森林退化包括自然森林退化和人为因素带来的森林退化。

3.1.1.1 自然森林退化的历史变迁分析

就自然因素导致森林退化而言，案例点的石质山石漠化、森林病虫害为主要因素。

1）石质山石漠化

浙江临安作为典型的南方集体林区，山地多、平地少、成土慢，加之南方地区山高、坡陡，降雨量充沛，为石漠化的形成提供了侵蚀动力和溶蚀条件。其中，案例点临安高源村长期以来存在土地石漠化现象，由石漠化引起退化的土地面积达到100hm^2。石漠化之所以能对森林退化产生严重的破坏，是由于当地石漠化的程度比较高，裸露的岩石较多，岩石上面覆盖的土壤也比较少，因此，保水能力也比较低，遇到大雨就容易出现水土的进一步流失，这样就形成一种恶性循环，造成山穷、水恶、土瘦的现象，给南方山区居民的生活造成了十分严重的困难。

2）森林病虫害

无论是用材林经营还是经济林经营，森林病虫害都是山区林农长期林业经营遇到的最大问题。临安区用材林经营过程中，松材线虫对森林的破坏最为严重。该病虫害于 1982 年由美国传入中国，具有传播速度快、感染力强的特点。它通过松墨天牛等媒介昆虫传播于松树体内，从而引发松树病害。被松材线虫感染后的松树，针叶黄褐色或红褐色，萎蔫下垂，树脂分泌停止，树干可观察到天牛侵入孔或产卵痕迹，病树整株干枯死亡，最终腐烂。因此，当地农户对感染的松树以及周边树木全部采伐，部分农户选择把感染的松树烧毁以防止病虫害进一步传播，从而造成了短时间内大片林地变成了火烧迹地。临安区经济林经营过程中也存在病虫害的情况，例如，2015 年临安 133.33hm^2 山核桃林遭受天社蛾虫害，因为临安区多数地区都是低洼向阳、三面环山的山谷，也更容易成为发虫源地，直接给林农经济林经营带来不可估量的损失，同时也造成经济林的严重破坏。

3）台风、雪灾等

临安区位于浙江省西北部、杭州市西部，作为沿海地区的城市，每年受台风的影响不可避免。台风来袭常带来短时的强降雨而引发山洪、塌方和泥石流，直接给森林造成严重的破坏。而且每年由于雪灾引起雪压树木（尤其是竹林），导致森林破坏的现象也时有发生，雨雪冰冻灾害造成大量竹木枯死，林内枯枝落叶骤增，使得树木长势衰弱。

4）树种结构不合理

树种单一、缺乏森林多样性，会使得树木对于资源（光能、二氧化碳等）的利用率较低，生长速度缓慢，并且造成了很大的生态风险，如森林病虫害的增多、抗干扰能力减弱等。项目区临安昔口村林地均处于杉木林幼龄林阶段，从林分生长和景观效应来看，林地属于原生植被破坏后的杉木萌芽林，林分所处位置地势相对较陡，坡度在 21°～39°之间；林分年龄约为 5 年；平均胸径为 3.3～5.9cm，平均树高为 2.8～5.5m。昔口村杉木示范林树种比较单一，林分结构、生产力差，生态效应不强，部分杉木林没有除萌①，导致杉木林生长缓慢。

3.1.1.2 人为森林退化的历史变迁分析

1）20 世纪 60～70 年代居民人为毁林开荒造成森林退化

临安区玲珑街道高源村位于海拔 600 多米的高山上，新中国成立初期，当地

① 除萌，即抹除萌芽。除萌在很多农作物和果树种植中也会出现，作用和目的都是相同的，确保根系吸收的营养集中供给保留的植株吸收，以促进保留植株的快速生长。

村民劈山造田、毁林造地。由于当地山体是富含石灰岩的喀斯特地貌，过度开发留下了“病根”，导致山林植被严重退化，山体裸露，水土流失严重，给村民生产生活埋下了安全隐患。据访谈调查了解，高源村早先是以短柄枹栎、山胡椒、白檀、杭子梢等为主的灌木林地。1958 年炼铁期间造成高源村毁林较为严重；1973 年水土流失严重，山上的粮食产量减少，土壤肥力下降；1978 年，虽然采取了弥补防范措施，如种植乌桕（肥皂原料），但毁林仍达到 80%。

2）20 世纪 70～80 年代居民的生活能源消费造成森林退化

20 世纪 70～80 年代，临安区乃至全国地区农民的生活和主要经济来源基本依靠森林资源，尤其是对能源、林产品和就业等方面的需求。生活方面，农民主要砍伐树木作为薪材，尤其是在冬季。当时国家并没有对农户山林树木采伐量进行严格的限制，直到 2000 年颁布的《中华人民共和国森林法实施条例》出台了林地认证、森林采伐等相关条例，才对农户的山林树木采伐加以控制。因此当时乱砍滥伐、过度经营的现象在农村时有发生，甚至出现大片山林砍伐的现象，如农民建设住房、修建村公路等，对森林造成了严重的破坏。经济方面，林业经营作为农民主要的经济来源之一，农民通过砍伐木材进行买卖（尤其是经济欠发达地区农民）增加家庭收入，以缓解家庭的经济困难，但对森林管理又比较缺乏，如不积极补植造林、不采用间伐等措施。

3）21 世纪初不合理的经济林种植方式加剧了森林退化

（1）经济林经营管理不合理。经济林相对于传统用材林经营可以带来更高的经济收入，因此大部分农民依靠经营经济价值高的经济林来增加家庭收入。但由于大多数农民文化程度较低，对营林技术、知识较缺乏，因此常常过度使用农药、化肥，不仅对经济林的产出效益影响不大，反而造成了水土流失、土壤板结、林地质量下降等一系列问题。例如，临安区高源村 2001 年开始种植香榧，但是为获取更高的经济效益，部分农户对香榧林进行过度抚育，导致水土流失严重。

（2）经济林种植结构不合理。部分农民不从实际出发，盲目毁林种植其他经济特产。有的借低产林改造之名，置采伐限额于不顾，大量砍树卖钱，毁林致富；有的在水库周围、河流上游、高山峡谷上种植经济林；还有的毁竹种茶或桑树等，这种不合理调整，不根据因地种树的原则，最终对林业生产带来了一定的破坏。

3.1.2 百花村

百花村位于安徽省池州市青阳县，从整个县来看，2018 年林地面积为 7.11 万 hm^2，相较 2012 年林地面积（7.08 万 hm^2）增加 0.03 万 hm^2。百花村与高源村和昔口村存在类似的情况，虽然看似森林面积有所增长，但其质量却在明显下降。近几年青阳县自然灾害，尤其是遭受森林病虫害松材线虫侵蚀现象同样十分严重，案例点百花村受灾最严重，面积达 20hm^2，百花村集体对病虫害进行火烧处理，并对火烧迹地进行林分改造，但同样存在新造林树木生态功能薄弱，无法短时间内恢复到原有的状态实现涵养水源、防风固土等功能。同时，该地区居民早期对森林的不合理经营，以及过度砍伐、毁林开荒，都是引起该地区石质山、土地石漠化问题的主要原因，因而自然因素和人为因素仍然是引起青阳县项目区森林退化的主要原因。

3.1.2.1 自然森林退化的历史变迁分析

百花村所在的县是南方典型集体林的重点林区，百花村的森林恢复也面临着土壤瘠薄、局部森林覆盖率低（小于 0.3）的严峻挑战。其森林退化主要受以下三个因素影响。

1）石质山现象严重

长久以来，百花村石质山林地土壤大多为石灰岩母质分化的土壤，当地林分立地条件差，土层较薄，岩石裸露较多，森林植被退化、多代萌生退化和生长密度不均，土地生产力严重下降。

2）松材线虫病

经实地调查得知，目前案例点百花村种植的马尾松，其中有 6.67hm^2 受到松材线虫病影响，涉及一个村民小组 6 户左右，考虑到病虫害蔓延较快，该地区农户的林地通过采伐火烧解决。不仅如此，该地区无论是用材林经营还是经济林经营，森林病虫害都是林农遇到的最大问题。

3）酸雨侵蚀

据统计，青阳县 2006～2010 年酸雨出现频率较高，达 75%以上，2010 年下半年以后，酸雨出现频率开始下降，但部分地区森林受到酸雨侵蚀后，土壤土质变差，森林生态系统功能下降。

3.1.2.2 人为森林退化的历史变迁分析

1）20 世纪 60～70 年代居民人为毁林开荒造成森林退化

一方面，百花村早期毁林开荒、扩大粮食种植面积，是引起当地森林退化的主要原因之一。另一方面，从收集的资料和农户访谈中得知，还存在开发工业区导致当地水土流失严重的问题，尤其是 1996 年之前青阳县工业发展迅速，导致全县水环境污染、森林破坏现象明显；另外，矿山开采导致出现河水污染、水土流失和山林破坏的现象。可见，当地居民对森林的任意开采已严重触及了森林自我恢复、自我调节的能力底线，从而导致森林的对外免疫能力和整体森林质量开始下降。此外，由于局部林地和林分结构单一，林种比例失调，使得森林抗干扰能力差，森林破坏后恢复能力弱，严重影响了森林生态系统功能的发挥，也是导致森林生态系统功能下降的主要原因之一。

2）20 世纪 70～80 年代居民的生活能源消费造成森林退化

据实地农户调查了解，20 世纪 70～80 年代百花村农户对森林资源还非常依赖，主要表现在对木材的采伐，多用于薪材使用、修建房屋或出售木材获取经济收入，此外还有放牧等行为，造成山林大面积破坏。虽然现在农户家庭已经逐步使用液化气等燃料用于生活消费，但大部分农户反映每年还是会消耗 1000～1500kg 左右的薪材，其木材均是来自于自家山林，且农户对采伐树木的林地几乎不进行补植造林，也从未对树木进行间伐，对山林的管理方式完全趋于粗放化，从而导致农户家庭山林树木长势较差（杂草、灌木、树木交错严重）。总体来说，农户对山林经营管理方式的不合理及不重视家庭重要的森林资源，导致森林质量严重下降。

3）21 世纪初不合理的经济林种植方式加剧了森林退化

（1）经济林经营管理不合理。从调查的情况来看，经济林经营户营林投入少，经营粗放，林分质量差。森林总量虽然得到了双增长，但经济林出现衰退现象。许多林农只重视眼前的效益，苗木栽下后，管理资金欠缺，后期管理跟不上，从而导致林分质量低下，林分的稳定性差。此外，大多数农民文化程度较低，对营林技术知识较缺乏，经济林种植方式落后，常常过度使用农药、化肥，不仅对农民经济林的产出效益影响不大，反而造成了水土流失、土壤板结、林地质量下降等一系列问题。

（2）经济林种植结构不合理。2013 年县林业局调查发现，农民经济林经营中，经济林种植结构普遍存在不合理现象，主要表现为低档品种多、季节性品种少，严重影响了林农营林的积极性，以及经济林树种与总体树种的比例协调性。另外，有些林地地势起伏不平、地形复杂多样，给抗旱排涝、施肥、管理和运输带来了很多困难；而有些地方水资源比较缺乏、基础设施不配套，导致农户经济林经营质量严重下降。

3.2 案例点森林退化的影响因素分析

3.2.1 理论分析

森林是陆地生态系统的主要组成部分，而森林退化是全球面临的主要环境问题之一，当森林受到不加控制的过度开发与利用，或受到火灾、风雪等破坏性干扰时，森林结构、功能和动态变化就会超出森林自身的短期恢复能力，那么森林就会出现退化。从森林退化结果看，表现为森林所提供林产品和生态服务功能的减少与降低，如面积减少、功能降低、结构丧失或者降低、产品产量减少等。有研究认为森林退化是环境、社会、经济、文化和政治等诸多因素相互作用的结果（邓荣荣和詹晶，2012；朱道光等，2013；耿言虎，2014）。本文根据案例点情况分析森林退化的因素，主要分为自然因素和人为因素两个方面。具体理论机制如图 3.1 所示。

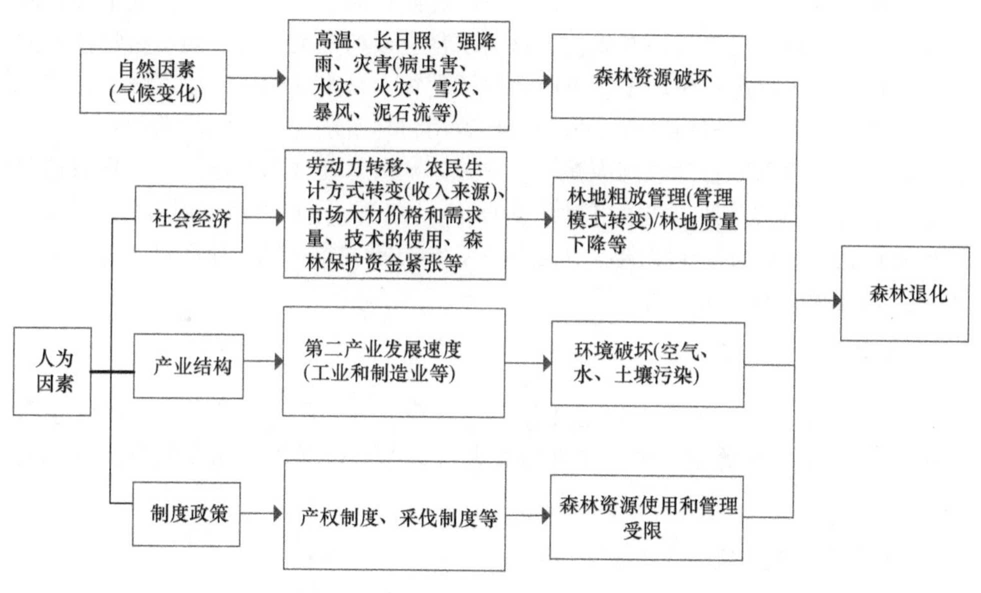

图 3.1　森林退化驱动因素的理论机制

3.2.1.1　自然因素

自然干扰作用对森林结构的影响多是由气候变化引起的，适宜的温度、日照和降雨是维持树木正常生长的必要条件，但温度升高、湿度下降、自然灾害（病虫害、火灾、雪灾等）等变化均不利于原有森林系统的稳定发展，其中，原系统中建立起来的各种稳定的种内和种间关系，包括竞争、共生、寄生、捕食等也会发生相应改变，从而降低生态系统的稳定性。案例点中，百花村、昔口村和高源村都有森林病虫害现象，是当地森林质量和密度下降的主要原因。关于森林退化，国际上一致认为其动力是人为干扰（人类活动）和自然干扰（异常性自然灾害），其中最主要的是人为因素 （强度干扰）；自然干扰作用对森林退化的影响远远小于人为干扰。另外，大量研究表明，虽然中国森林面积增长举世瞩目，但森林破碎化问题日益凸显，因此林地细碎化也是森林破碎化的重要驱动因素之一（龙贺兴等，2018）。

3.2.1.2 人为因素

人为因素主要表现在社会经济、产业结构和制度政策三个方面。

1）社会经济方面

案例点农户非农就业现象普遍，农户家庭总收入中非农收入均超过50%，说明当地农户生计方式逐渐发生改变，随着农户非农就业比例的增加，家庭林地经营出现粗放管理或采伐不合理现象，导致林地经营面积减少、林分质量下降和病虫害发生。市场木材价格的变化使木材需求量也逐渐发生改变，随着科学技术的创新和应用，木材产品生产工艺不断改进，使得木材产品的生产成本降低，同时使用其他的绿色新型材料替代了木材，导致用材林市场价格下降，因此农户在用材林经营上的投入和管理也相应减少。另外，随着林业技术的推广，农户对林业技术的合理使用关系到森林的可持续发展，若不合理、不科学地使用营林技术（如过度使用化肥、农药），以及不合理经营等，会直接导致林地土壤板结、林分质量下降，延缓林木的生长速度。

2）产业结构方面

第二产业主要以工业和制造业为主，随着第二产业的迅速发展，给环境带来的压力也在逐渐增加，如工业废物对大气、水源和森林等会产生不同程度的破坏。

3）制度政策方面

森林资源在受到各方面挑战的同时，政府起到了宏观调控的作用。中国政府2000年颁布的《中华人民共和国森林法实施条例》出台了林地认证、森林采伐等相关条例。2016年《国务院关于全国“十三五”期间年森林采伐限额的批复》提出进一步完善林木采伐分类管理，严格执行凭证采伐林木制度相关条例，因而使得农户对森林资源的使用受到限制。由上分析可知，森林退化是诸多因素相互作用下的结果。

3.2.2 基于社区层面的森林退化影响因素分析

通过访问案例点村干部和相关工作人员获知，2018年高源村山林退化面积最多（133.33hm^2），百花村最少（20hm^2），高源村退化的山林主要以杂灌木为主，百花村和昔口村主要是杉木林，其中昔口村杉木林退化最严重，达45.73hm^2。2018年，案例点山林面积及退化情况如表3.1所示。

表 3.1 2018 年案例村山林面积及退化情况 （单位：hm^2）

年份	昔口村	高源村	百花村
2018 年山林总面积	596.00	1123.80	513.33
2018 年山林退化面积	47.06	133.33	20.00
森林病虫害破坏面积	1.33	33.33	20.00
土地石漠化面积	0	100.00	0
其他因素（火灾等）引起的退化面积	45.73	0	0

数据来源：实地调查。

3.2.2.1 自然环境因素

自然环境因素主要是土地石漠化因素。由于长期以来大面积的陡坡开荒，自然植被不断遭到破坏，造成地表裸露，加上案例点存在部分土层较薄的特点，基岩出露浅，经过暴雨强力冲刷，大量的水土流失后，岩石逐渐凸现裸露，呈现“石漠化”现象。从成因来说，导致石漠化的主要因素是人为活动。调查中发现，高源村存在土地石漠化现象，石漠化面积达到 $100hm^2$（表 3.1），这是由于高源村土地大多是石灰岩发育而成，而且山体坡度大，土壤相对瘠薄。另外，高源村所处地势较高，早期炼钢毁林、过度使用农药和化肥等人类活动，致使水土流失严重。

3.2.2.2 自然灾害因素

1）森林病虫害因素

调查发现森林病虫害是导致森林退化最主要的原因之一。2017 年 4 月，天目山国家级自然保护区管理局按照临安区森林病虫害防治站的要求，开展保护区枯死松树调查，统计新死亡松树 190 株。而项目区三个村均受到森林病虫害（主要是松材线虫病），其中百花村和高源村受灾最严重，分别达 $20hm^2$ 和 $33.33hm^2$（表 3.1）。为防止病虫害蔓延，通过火烧，以及全部采伐处理，逐步进行林分改造，因此短时间内出现了许多荒山和火烧迹地。从松材线虫病的危害来看，据相关研究报道，其可引起具有毁灭性的森林病害，属我国重大外来入侵种，已被我国列入对内、对外的森林植物检疫对象。该病自 1982 年传入我国以来，扩散蔓延迅速，目前全国已有 14 省（自治区、直辖市）发生，面积达 7.7 万 hm^2，导致大量松树枯死，对我国的松林资源、自然景观和生态环境造成严重破坏，且造成了严重的经济和生态损失（潘宏阳等，2009）。

2）森林火灾因素

森林火灾的发生，一方面使森林蓄积下降，另一方面也使森林生长受到严重影响。森林是生长周期较长的再生资源，遭受火灾后，其恢复需要很长的时间。特别是高强度、大面积的森林火灾之后，森林很难恢复原貌。森林火灾又分为自然火灾和人为火灾。自然火灾包括雷电火、自燃等，由自然火引起的森林火灾约占我国森林火灾总数的 1%。人为火灾主要包括：生产性火源，如农、林、牧业生产用火，以及工矿运输生产用火等；非生产性火源，如野外吸烟、做饭、取暖等；故意纵火等。在森林火灾中，由于吸烟、烧荒等引起的火灾占了绝大多数。调查发现，2018 年，项目区的昔口村森林退化面积总共为 47.07hm^2，其中，森林火灾破坏面积就达到 3.33hm^2，而昔口村主要是杉木林，树种比较单一，主要以人工杉木林为主，当地杉木生长萌芽前期生长快，后期退化也快，具有难以持续的特点。因此，一旦发现火灾，将会造成严重的经济损失和森林难以恢复的局面，可见森林火灾不容小觑，防患于未然势必在行。

3.2.2.3 社会经济因素

1）非农就业

农户非农就业引起生计方式的改变是导致森林资源变化的主要因素之一。由于非农就业相比于传统的农林业生产可以带来更高的劳动报酬，因此农户更愿意将家庭劳动力资源分配到非农就业的行业中。项目区农户家庭非农劳动力占比均达到 40%以上，农民人均可支配收入中约 70%为非农就业收入，例如，临安区昔口村 2018 年实施该项目后，村非农劳动力占比由 2016 年的 50%增加到 60%。可见，农民更多选择从事非农工作，不再单一地依靠林业收入，因此农户家庭劳动力长期在外打工，林地无人管理，出现粗放管理现象，家庭林地开始出现经营管理不当、采伐不合理、土壤肥力下降、林地质量差和森林病虫害等现象。

2）采伐量及市场价格变化

随着科学技术的创新和应用，木材产品生产工艺不断改进，使得木材产品的生产成本降低，生产中开始大量使用其他的绿色新型材料替代了木材；同时，农民生活用火大部分已被煤气和天然气等能源所替代，建房用材已被钢筋水泥等所替代，因此木材采伐量也逐渐减少，导致用材林市场价格下降。由于近年来昔口村的杉木产品经营效益相对较低，在 20 世纪 90 年代初进行人工造杉木林，在 2014 年成熟砍伐后失去管理，造成了杉木采伐迹地的自然退化。青阳县主要以人工和天然混交林为主，20 世纪 60～80 年代当地农户砍伐森林用作薪材和烧炭。90 年代开始，封山育林保护工作及液化气能源的普及使得砍伐木材的情况减少。近年来由于木材产品价格相对较低，当地农户主要收入来源不再完全依靠林业（尤其是用材林经营）。

3.2.2.4 制度政策因素

2000年颁布的《中华人民共和国森林法实施条例》出台了林地认证、森林采伐等相关条例。条例提出，单位和个人所有的林木，由所有者向所在地的县级人民政府林业主管部门提出登记申请，由该县级人民政府登记造册，核发证书，确认林木所有权。由于林地产权的明晰，逐渐减少了农户林地经营生产中的“搭便车”行为，如对他人或国有森林的林木采伐或破坏。2016年《国务院关于全国“十三五”期间年森林采伐限额的批复》提出进一步完善林木采伐分类管理、严格执行凭证采伐林木制度、规范完善林木采伐许可和加强林木采伐监督检查相关条例，避免乱砍滥伐林木行为发生。例如，青阳县所处的池州市，在“十一五”期间，省政府下达了市年森林采伐限额为80万m^3（其中，商品材采伐量46万m^3，非商品材采伐量34万m^3；人工林40万m^3、天然林40万m^3），毛竹1100万根，分别占全省总限额的9.7%和11%。因而，农户对森林资源的使用受到了一定的限制。

3.3 本章小结

本章从自然森林和人为森林两个方面对临安和青阳两个项目区的森林退化历史变迁进行分析，并且从社区层面对项目区的森林退化驱动因素进行分析。基于理论分析，森林退化的因素主要分为自然因素和人为因素两个方面，自然因素主要表现为温度升高、湿度下降、自然灾害（病虫害、火灾、雪灾等），人为因素主要表现在社会经济、产业结构和制度政策三个方面。通过对项目区的森林退化驱动因素进行分析，结果显示，自然环境主要为土地石漠化因素，自然灾害因素主要为森林病虫害和森林火灾因素，社会经济因素主要为非农就业引起生计方式的改变和采伐量及市场价格变化，其他还有制度政策因素。项目区森林退化是在诸多因素相互作用下的结果。

4 案例点森林恢复的资源时空变化及现状分析

针对上述案例点的森林退化现象，亚太森林组织开始在案例点实施森林恢复项目，进一步对案例点森林资源情况进行时空变化分析及森林质量评价，了解森林恢复措施的成效。

4.1 案例点森林恢复的实施措施

4.1.1 高源村

高源村由原高源、高山两村合并而成，位于浙江省杭州市临安区西部，地处浙江省西北部天目山区，属中亚热带季风区，气候温暖湿润，光照充足，雨量丰沛，四季分明，平均海拔 380m，坡度 20°～35°，石质山地，土壤为石灰土，土壤厚度 15～45cm。高源村区域面积 16km^2，目前全村共有 17 个自然村，535 户农户，共 1529 人；耕地面积 69.8hm^2；有集体山林 930.6hm^2，其中农户承包经营面积 244.53hm^2，集体经营面积 686.07hm^2；责任山[①]22.2hm^2。本村主要树种有毛竹（*Phyllostachys edulis*）、香榧（*Torreya grandis*）和杉木，毛竹林有 100hm^2，香榧林有 100hm^2，杉木林有 66.67hm^2。2018 年，该村人均可支配收入 26 000 元。

高源村森林恢复的林地面积有 133.33hm^2，林地类型主要是无林地、病虫害林地、低产林地，但划入森林恢复项目的林地面积只有 10hm^2，属于石灰岩发源地，立地条件差。该案例点森林恢复的模式有三种（表 4.1）：第一种是香榧林生态化示范经营（4hm^2），并套种珍贵树种，套种密度为 0.3 株/hm^2；第二种是新造香榧林抚育示范经营（2hm^2），这种恢复模式分三种类型，分别为传统经营（0.67hm^2）、定株抚育（0.67hm^2）和阶梯式带状分布（0.67hm^2）；第三种模式是传统示范经营（4hm^2），要求禁止使用除草剂。

4.1.2 昔口村

昔口村位于浙江省杭州市於潜镇西部，属中亚热带季风区，气候温暖湿润，

① 责任山指的是农村集体经济组织在林业“三定”时，按人口劳力平均划分给农户承包经营的荒山和一定数量原来由集体经营的山林。

表 4.1 高源村森林恢复模式的基本情况

	香榧林生态化示范经营	新造香榧林抚育示范经营			传统示范经营
		传统经营	定株抚育	阶梯式带状分布	
面积/hm^2	4	0.67	0.67	0.67	4
密度/(株/hm^2)	0.3	1.67	—	—	—

数据来源：二手资料整理。

光照充足，雨量丰沛，四季分明；海拔 80～400m，坡度 15°～35°，土壤为红壤，土壤厚度 50～85cm。目前全村共 418 户，1328 人，分为 6 个自然村，17 个村民小组。地域面积为 5.96km^2，有耕地面积 64.4hm^2，林地面积 528.93hm^2（其中包括生态公益林 59.2hm^2），其中农户承包经营[①]面积 8.13hm^2，集体经营[②]面积 520.8hm^2，森林覆盖率 94.6%，发放林权证面积的比例达到 100%，该区树种多数为马尾松林。

昔口村森林恢复的林地面积有 42.4hm^2，主要林地类型是采伐迹地。2002 年由承包户从村集体承包，承包期 30 年。2012 年，42.4hm^2 林地皆伐的木材收入达 200 多万元，采伐后不经营，树木处于自然萌芽状态。2017 年，30hm^2 林地被划入案例点，并选择当地主要优势树种杉木（*Cunninghamia lanceolata*）造林，造林面积达到 26.67hm^2。该案例点森林恢复的模式有三种（表 4.2）：第一种是杉木和常绿阔叶混交林经营示范（2.2hm^2），种植密度为 6.34 株/hm^2，其中杉木为 1.67 株/hm^2，常绿阔叶树种［浙江楠（*Phoebe chekiangensis*）、浙江樟（*Cinnamomum chekiangense*）、桢楠（*Phoebe zhennan*）、紫楠（*Phoebe sheareri*）］为 4.67 株/hm^2；第二种是杉木和落叶阔叶混交林经营示范（21.8hm^2），种植密度为 8 株/hm^2，其中杉木为 5.33 株/hm^2，落叶阔叶树种［光皮桦（*Betula luminifera*）、枫香（*Liquidambar formosana*）］为 2.67 株/hm^2；第三种是杉木人工林大径材培育示范（18.4hm^2）；三种经营模式的采伐方式均为间伐。

表 4.2 昔口村森林恢复模式的基本情况

	杉-常阔叶混交林示范经营	杉-落阔叶混交林示范经营	杉木人工林大径材培育示范经营
面积/hm^2	2.2	21.8	18.4
密度/（株/hm^2）	1.67（杉木） 4.67（常阔）	5.33（杉木） 2.67（落阔）	— —
采伐手段	间伐	间伐	间伐

数据来源：二手资料整理。

① 承包经营是指农村集体组织的成员在法律允许的范围内依照承包合同的规定，对集体所有或国家所有由集体使用的土地、山岭、草原、荒地、滩涂、水面等资源所享有的占有、使用和收益。

② 集体经营是指农村集体经济组织的生产经营活动，集体经济组织只对各资产拥有占有权和使用权，所有权权属仍是村集体经济组织全体成员。

4.1.3 百花村

百花村位于安徽省青阳县蓉城镇南部，距县城城区 4km，东临青山村，南接朱备镇，西与庙前镇交界，北与牌楼村接壤，青朱公路、旅游大道贯穿全村，交通便利，由原平山、金冲、百花三村合并成立。目前该村有 1173 户，共有 30 个村民小组，常住人口共 4200 人，15%人口在本县以外外出务工劳动，2018 年农民人均可支配收入 13 000 元，70%为非农收入。作为全镇人口最多的村，百花村面积约 12.6km^2，森林覆盖率约 65%，耕地面积 333.33 余公顷，有林地面积 513.33 余公顷（生态公益林面积 153.33hm^2）。该村林地主要种植杉木、香榧和毛竹，种植面积大致相等。

百花村森林退化面积为 20hm^2，森林病虫害等森林破坏面积为 20hm^2，杂灌木的退化面积为 20hm^2。因村民常年施用除草剂，所以林地内地表野生灌草较少，林分生产力差，生态效应不强且生物多样性低，2017 年，该区通过了项目组的野外调查，并划入 5hm^2 林地作为鸟类栖息地保护与建设示范案例点。

4.2 案例点森林恢复的资源时空变化分析

案例点所在的南方低山丘陵地区，一直以来森林资源质量不高、水土流失严重。自亚太森林恢复网络项目实施以来，案例点的森林资源状况发生了变化。但目前案例点的森林资源发生了哪些变化，需要进行实际的考察。

森林资源变化涉及较长的时间跨度，林地土地覆盖利用的变化也是逐步进行的，这需要从历史的角度来考察案例点森林资源的变化状况，其中涉及森林面积的变化、森林覆盖率的变化、林分结构的变化、森林龄级的变化等。因此，本文根据高山村、昔口村、百花村的土地遥感数据和森林资源清查数据，对比间隔时间较长的两期数据来综合考察案例点森林资源的时空变化情况。

4.2.1 数据来源与研究方法

4.2.1.1 遥感数据

研究区森林覆盖率较高，为了更好地研究森林覆盖变化，研究需要将森林类型进行细分。基于表 4.3 的分类方案，考虑遥感分类的可行性与数据的可获性，本文收集并采用了高空间分辨率的 GF2、Worldview3 和 SPOT5 遥感数据。

表 4.3 研究区遥感数据

研究区	遥感数据
浙江临安高山村	2004 年 SPOT5，2019 年 GF2
浙江临安昔口村	2004 年 SPOT5，2019 年 GF2
安徽青阳百花村	2008 年 WorldView3，2018 年 GF2

数据来源：二手资料整理。

4.2.1.2 野外调查数据与样本数据

野外调查以最近年份的高分辨率遥感数据和森林资源二类调查数据为参考，设计调查路线，利用奥维互动地图手机 APP 记录观测点的位置坐标，并同时记录观测点的地物类型，对影像上目视观察较难区分的地物类型进行现场勘察。根据对各种土地覆盖类型的野外实地考察结果，建立 GF2、Worldview3 遥感数据的影像判读标志；对早期历史遥感数据，参考早年间的森林资源二类调查数据，结合两期遥感数据与常识，根据现状对未变化的土地覆盖区域进行推断，对历史遥感数据建立影像判读标志。在此基础上，运用目视解译方法，结合最优分割结果图像，对各种类型的土地覆盖，随机选择对象作为训练样本。

4.2.1.3 土地利用/覆盖分类方法与过程

1）特征变量提取

在定量化评价出最优分割尺度后，通过 eCognition Developer 8.9 导出最优分割尺度下对象层中每个对象在影像中具有的特征变量，包括光谱、纹理、形状、位置等特征变量，以及由图像原始波段计算得出的各种指数（表 4.4、表 4.5），组成基础数据集 A。

表 4.4 对象的光谱、形状、纹理特征汇总说明

特征变量	特征名	详细描述
光谱	对象的值[*i*]	在某个图像层中的每个对象的平均值，计算出包含在对象中的所有像素的平均值
	标准方差[*i*]	在特定图像层中的每个对象的标准方差[*i*]，计算来自对象中包含的所有像素的值
纹理	均值[*i*] 标准方差[*i*] 同质化[*i*]	灰度共生矩阵的 3 个特征参数，对于每个对象，从一个像素出发逐个地计算，包括其周围的像素，直到整个对象计算完毕
几何	面积	与实际地理坐标相关联，对象面积为实际面积，即一个像素所代表面积乘以像素个数
	长度	每个对象外包矩形的长度

续表

特征变量	特征名	详细描述
几何	宽度	每个对象外包矩形的宽度
	长宽比	每个对象外包矩形的长宽比
形状	边界指数	对象的真实周长与该对象最小包围矩形的周长之比，对象形状越不规则，该特征指数越大
	形状指数	对象边长与对象面积开 4 次方的比值，用来表示对象边界的光滑性
	圆度	对象最小外包椭圆与最大内包椭圆的半径之差
	最长边长度	多边形最长边
位置	坐标中心点（X，Y）	对象 X、Y 坐标中心点
	位置	计算了 X 坐标到左边框的距离和 Y 坐标到上边框的距离

数据来源：二手资料整理。

表 4.5　各种指数说明

指数类型	简称	计算公式	参考文献
植被指数	NDVI	$(\rho_{NIR}-\rho_R)/(\rho_{NIR}+\rho_R)$	Han et al.，2015
	RVI	ρ_{NIR}/ρ_R	Gao，1996
	SAVI	$1.5\times(\rho_{NIR}-\rho_R)/(\rho_{NIR}+\rho_R+0.5)$	梅安新，2001 Huete，1988
	OSAVI	$(\rho_{NIR}-\rho_R)/(\rho_{NIR}+\rho_R+0.6)$	Huete et al.，1997
	$VARI_{green}$	$(\rho_G-\rho_R)/(\rho_G+\rho_R-\rho_B)$	Rondeaux et al.，1996
	NGRDI	$(\rho_G-\rho_R)/(\rho_G+\rho_R)$	
水体相关	NDWI	$(\rho_G-\rho_{NIR})/(\rho_G+\rho_{NIR})$	Tucker，1979
建筑相关	BAI	$(\rho_B-\rho_{NIR})/(\rho_B+\rho_{NIR})$	
阴影相关	SI	$(\rho_R+\rho_G+\rho_B+\rho_{NIR})/4$	

注：ρ_{NIR}、ρ_R、ρ_G、ρ_B 分别指近红外光、红光、绿光和蓝光波段的反射率。
数据来源：二手资料整理。

2）土地利用/覆盖信息提取

数据融合方法可以分为三类：像素级融合、特征级融合和决策级融合（Gitelson et al.，2002）。像素级融合是融合多个原始数据源到单分辨率数据，以达到图像增强的效果。特征级融合是指从每个单独的数据中提取的特征如光谱、形状、纹理等，为了进一步处理，将这些特征合并到一个或多个特征数据集中。决策级融合通常先将初步分类作为单独的数据源，然后将每个单独的分类结果基于决策融合策略合并为一个结果。研究以每个对象为单位进行特征级数据融合，以包含 53 个特征变量的数据集 A（n=53）为基础，加入 Woebbecke 植被指数（WI）（Zhang，2015）、超绿植被指数（EXG）（Woebbecke et al.，1993）、超绿超红差分指数（EXGR）

（汪小钦等，2015）、植被颜色指数（CIVE）（孙国祥等，2014）、植被指数（VEG）（伍艳莲等，2014）等可见光植被指数，以及灰度共生矩阵均值、标准方差、同质化三个纹理特征四个方向（0°、45°、90°、135°）上的计算数据，组成数据集 B（*n*=115）（表 4.6）。

表 4.6 数据集 B 中所用可见光植被指数

植被指数	简称	计算公式	参考文献
Woebbecke 植被指数	WI	$(\rho_G-\rho_B)/(\rho_R-\rho_G)$	Zhang，2015
超绿植被指数	EXG	$2\rho_G-\rho_R-\rho_B$	Woebbecke et al.，1993
超绿超红差分指数	EXGR	$EXG-1.4\rho_R-\rho_G$	汪小钦等，2015
植被颜色指数	CIVE	$0.44\rho_R-0.88\rho_G+0.39\rho_B+18.79$	孙国祥等，2014
植被指数	VEG	$\rho_G/\rho_R^a\rho_B^{(1-a)}$，a=0.67	伍艳莲等，2014

注：ρ_R、ρ_G、ρ_B 分别指红光、绿光和蓝光波段的反射率。
数据来源：二手资料整理。

此外，研究中采用机器学习的随机森林（random forest）算法对融合数据集预分类，并基于最优尺度分割的图像提取特征变量得到数据集 A、B，将 A、B 融合于准备好的训练样本对象在 WEKA 软件中基于随机森林模型进行预分类，最后利用预分类合格的模型对整个研究区图像数据进行分类。

4.2.2 案例点森林恢复下的土地资源时空变化的实证分析

4.2.2.1 昔口村森林恢复的资源时空变化分析

昔口村东、西两边为山地，有一条河流从西北向东南流经村庄，形成中部河滩地，河流为村内带来丰富的水资源，村庄地貌以山地为主，村内森林资源丰富，用于发展农业的地势平缓土地较少。林区除了马尾松、杉木、阔叶林外，还有杨梅、茶、桑、雷竹等各类经济林。村内居民主要居住在村中部河滩地，村内交通条件较好，有一条省道穿村而过（图 4.1、图 4.2）。

2004 年，村内各类型森林占村庄总面积的 74%，林种以杉木、马尾松和竹子为主，农田面积占村庄总面积 17.7%（表 4.7）。2018 年，昔口村土地利用/覆盖面积发生了很大变化，村内新增了一条穿村而过的高速公路，居民建筑面积有稍许增长，农田面积锐减至村庄总面积的 6.7%，减少了 10%，同时，雷竹、香榧面积均有不同程度增加（表 4.7）。

具体而言，图 4.3 展示了昔口村 2004 年至 2018 年间土地利用变化。昔口村土地面积占比较大的土地覆盖类型前四分别为马尾松、杉木、阔叶林（针阔混交林）和竹林。

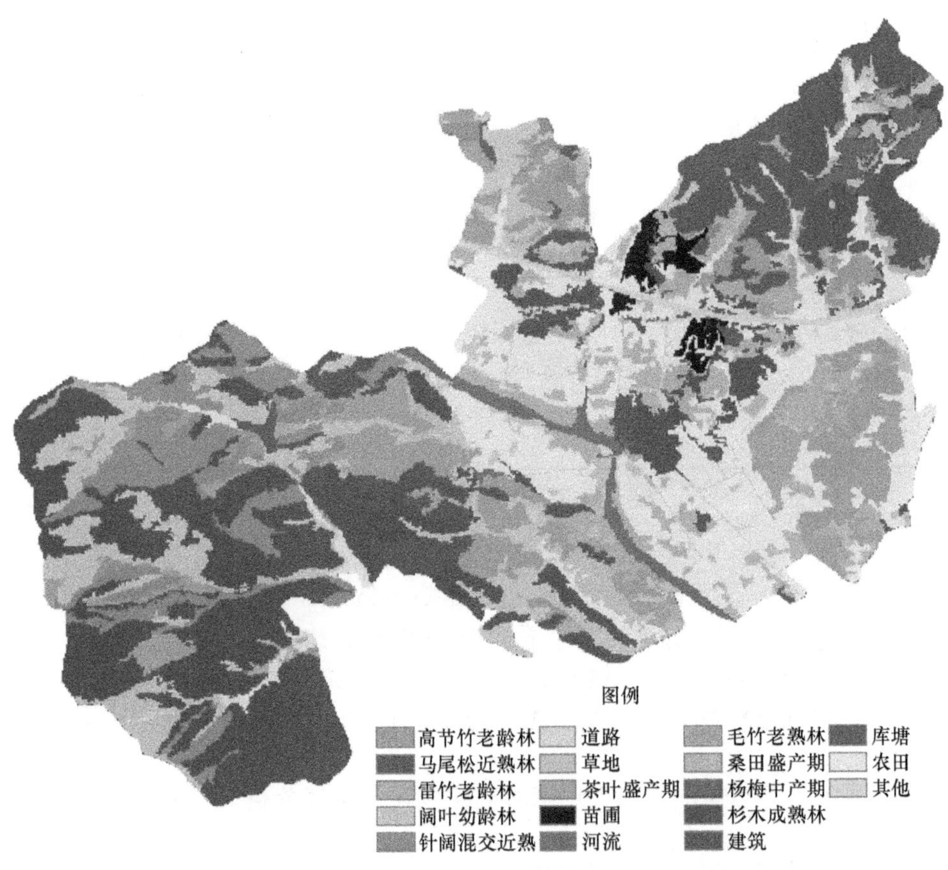

图 4.1 昔口村 2004 年土地利用/土地覆盖图（彩图请扫封底二维码）

数据来源：遥感数据

马尾松林区面积 2004 年占比较大，由于其是生态公益林，近年未进行经营，处于自然演化状态，除了部分近熟林变为成熟林外，部分马尾松林林内自然更替了一定面积的阔叶林，林缘新增了部分面积的雷竹、高节竹。

杉木林 2004 年都是成熟林，村庄西部离居住区较远的部分杉木自然演变为阔叶林、针阔混交林、毛竹。村庄西南部杉木林距离村庄较近，开展的经营活动较多，经过多年经营与改造，这一区域杉木林总面积变化不大，但龄组的变化非常明显，2018 年杉木林幼龄、中龄的面积占比为杉木林总面积的一半。

阔叶林和针阔混交林方面，2004 年阔叶林主要为幼龄林，针阔混交林也是由成熟杉木林演化而来，这两类森林内部的阔叶林质量都不高。2004 年至 2018 年，部分阔叶林和针阔混交林未改造，自然演化为阔叶林；同时，为了提高农民收入，部分阔叶林和针阔混交林被改造为香榧林或“香榧+茶叶”的套种经营模式。

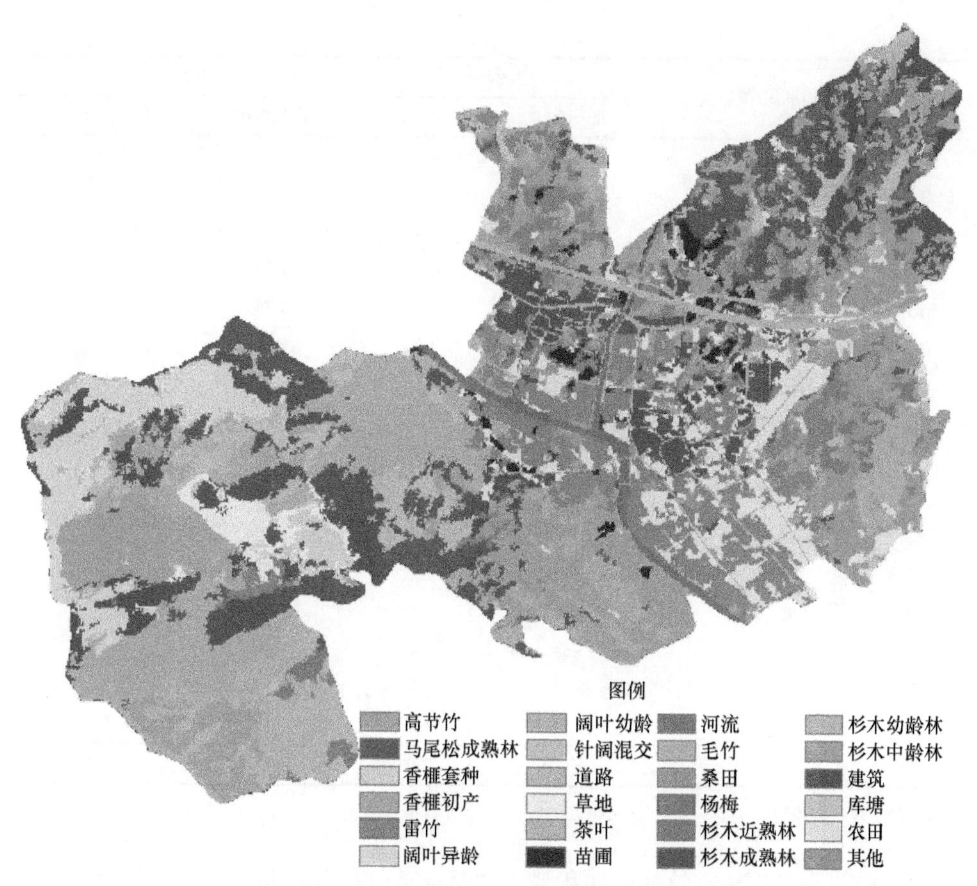

图 4.2　昔口村 2018 年土地利用/土地覆盖图（彩图请扫封底二维码）

数据来源：遥感数据

表 4.7　昔口村 2004 年和 2018 年各类土地利用/覆盖面积

序号	土地利用/覆盖类型	2004 年		2018 年	
		面积/hm^2	面积占比/%	面积/hm^2	面积占比/%
1	马尾松近熟	52.95	8.8	0	0
2	马尾松成熟	0	0	42.34	7.1
3	杉木中龄	0	0	10.91	1.8
4	杉木幼龄	0	0	19.38	3.2
5	杉木近熟	0	0	2.88	0.5
6	杉木成熟	127.02	21.2	50.37	8.4
7	阔叶幼龄	56.46	9.4	61.78	10.3
8	阔叶异龄	0	0	27.44	4.6
9	针阔混交	47.23	7.9	20.9	3.4
10	毛竹老龄	17.32	2.9	35.15	5.9

续表

序号	土地利用/覆盖类型	2004年		2018年	
		面积/hm^2	面积占比/%	面积/hm^2	面积占比/%
11	高节竹老	39.40	6.6	88.74	14.8
12	雷竹老龄	44.80	7.5	80.10	13.3
13	杨梅中产	8.24	1.4	0	0
14	杨梅盛产	0	0	7.54	1.3
15	桑田盛产	5.70	0.9	4.46	0.7
16	茶叶盛产	19.46	3.2	7.27	1.2
17	苗圃	6.85	1.1	8.07	1.3
18	香榧初产	0	0	20.48	3.4
19	香榧套种	0	0	5.47	0.9
20	灌木	18.50	3.1	9.08	1.5
21	农田	106.49	17.7	40.04	6.7
22	建筑	23.56	3.9	25.82	4.3
23	道路	11.35	1.9	17.71	2.9
24	库塘	5.34	0.9	6.80	1.1
25	河流	8.58	1.4	7.58	1.3
26	其他	1.21	0.2	0.19	0.0
总计		600.46	100.00	600.50	100.00

数据来源：遥感数据。

同样的还有竹林，竹林中面积最大的是高节竹，其次是毛竹，再次是雷竹。这三类竹林的面积自2004年至2018年都有不同程度的增长，其中高节竹和雷竹增长较多，高节竹主要由弃营的茶林、苗圃和灌木林转变而来，还由部分山谷的农田转变而来；雷竹主要由弃营的茶、桑和农田转变而来。

总体来说，昔口村农田面积减少，森林面积略有增加，森林结构总体变化不大，农田主要转变为雷竹林。森林中的主要林种有杉木林、马尾松林、阔叶混交林、针叶混交林、毛竹林、高节竹林，这些林种的面积变化不大，杉木林、马尾松林主要是发生龄级变化；阔叶混交林、针叶混交林大部分处于自然演替状态，少部分被人工改造为经济林。

4.2.2.2 高源村森林恢复的资源时空变化分析

高源村整个村庄几乎没有平坦的成片土地，农田和居住地面积约占总面积5%左右，林区面积达90%以上，是一个典型的山地林区村庄。林区中阔叶幼龄林面积最大，占村庄总面积的50%以上，2004～2019年变化不大（图4.4、图4.5）。

图 4.3　昔口村 2004～2018 年土地利用/土地覆盖变化图（彩图请扫封底二维码）

数据来源：遥感数据

2004 年林区除阔叶幼龄林外，面积分布比例由大到小依次有早竹、灌草、茶叶、毛竹，这些林种所占面积比例为 5%～15%，此外还有杉木、马尾松等林种小面积分布（表 4.8）。2019 年林区除阔叶幼龄林外，面积分布比例由大到小的依次有毛竹、早竹、香榧、灌草，此外还有山核桃、杉木、马尾松、高节竹小面积分布（表 4.8）。

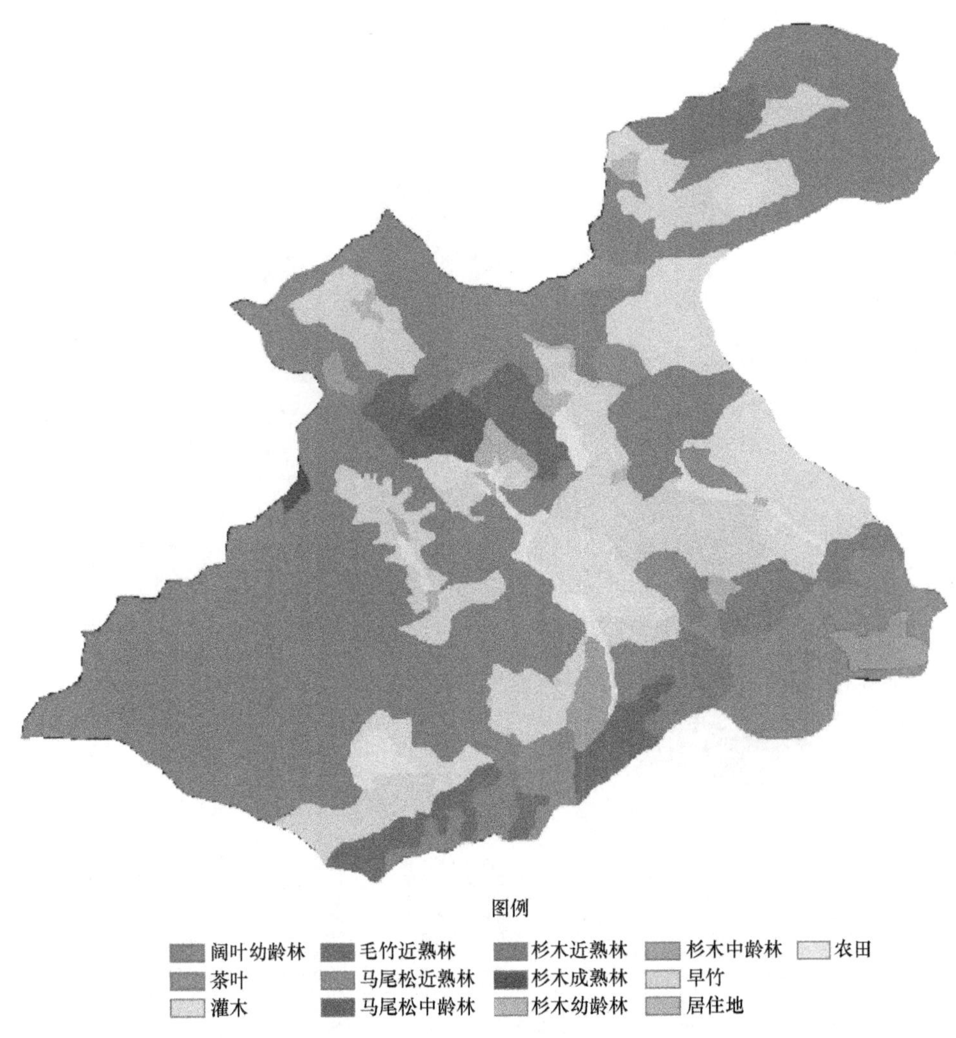

图 4.4 高源村 2004 年土地利用/土地覆盖图（彩图请扫封底二维码）

数据来源：遥感数据

从高源村土地覆盖利用变化来看，如图 4.6 所示，2004 年至 2019 年间，新增了大面积的香榧、山核桃、农地和毛竹，灌草、茶叶、旱竹都有一定面积的减少。

2019 年新增的香榧、山核桃林面积较大，且大都分布在居住地及道路两侧，主要由旱竹、阔叶幼龄林、灌草地改造而成。原来的森林质量不高，经济效益也低，改造为香榧后，虽然目前还处于幼龄林阶段，但经济效益较高，随着村民对香榧开展科学经营管理，香榧的生态效益将会逐渐提高。

此外，毛竹增加面积较大，主要由 2004 年的茶叶、马尾松近熟林和原来毛竹林周围的阔叶幼龄林转变而来。

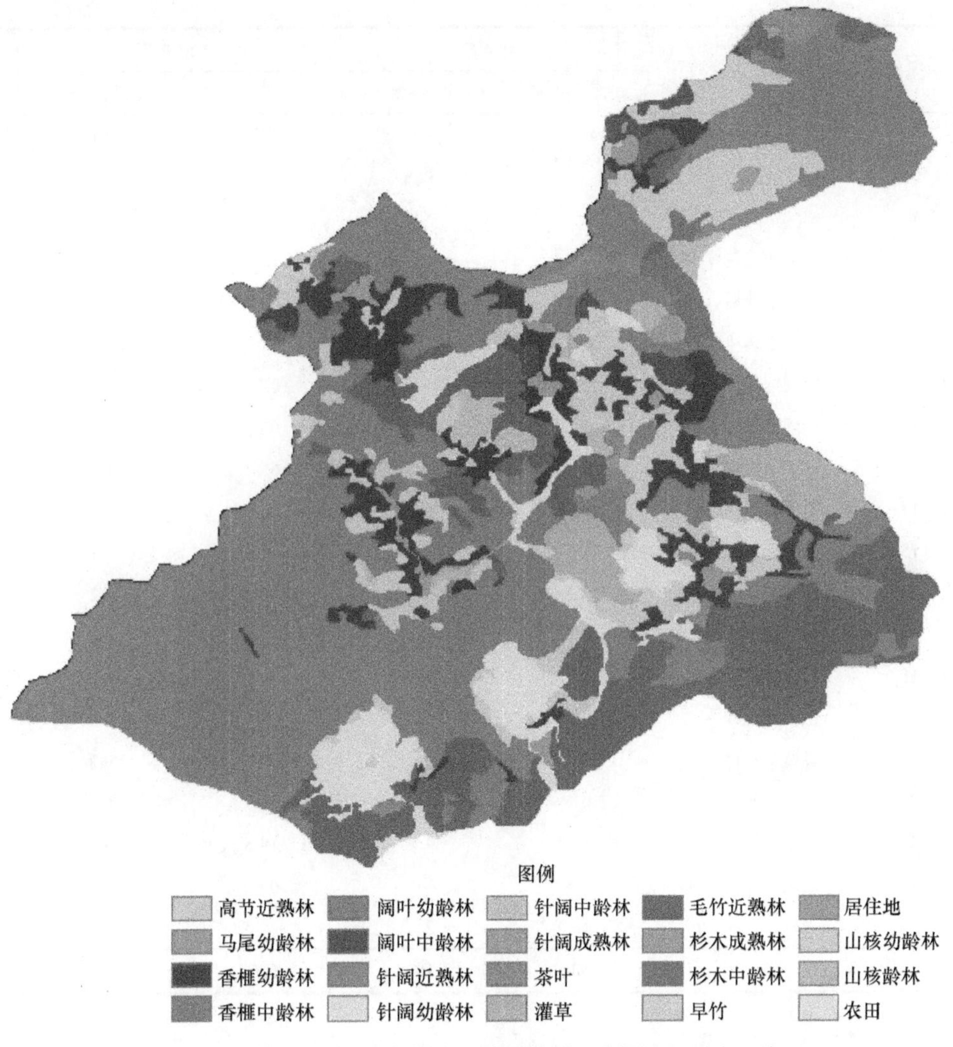

图 4.5 高源村 2019 年土地利用/土地覆盖图（彩图请扫封底二维码）

数据来源：遥感数据

表 4.8 高源村 2004 年和 2019 年各类土地利用/覆盖面积

序号	土地利用/覆盖类型	2004 年		2019 年	
		面积/ hm^2	面积占比/%	面积/hm^2	面积占比/%
1	杉木幼龄林	2.4	0.4	0	0
2	杉木中龄林	11.6	1.9	5.7	0.9
3	杉木近熟林	8.9	1.5	0	0
4	杉木成熟林	0.9	0.1	1.1	0.2

续表

序号	土地利用/覆盖类型	2004 年		2019 年	
		面积/ hm^2	面积占比/%	面积/hm^2	面积占比/%
5	马尾幼龄林	0	0	0.7	0.1
6	阔叶幼龄林	320.2	52.8	279.5	46.1
7	阔叶中龄林	0	0	6.3	1.0
8	针阔混成熟林	0	0	1.2	0.2
9	松木中龄林	4.8	0.8	0	0
10	松木近熟林	6.4	1.1	0	0
11	针阔近熟林	0	0	2.6	0.4
12	针阔幼龄林	0	0	6.2	1.0
13	针阔中龄林	0	0	6.1	1.0
14	毛竹近熟林	31.8	5.3	100.0	16.5
15	茶叶近熟林	46.5	7.7	8.2	1.3
16	高节近熟林	0	0	55.7	9.2
17	早竹近熟林	93.3	15.4	12.3	2.0
18	山核幼龄林	0	0	1.5	0.3
19	山核中龄林	0	0	3.3	0.5
20	香榧幼龄林	0	0	55.6	9.2
21	香榧中龄林	0	0	0.3	0.1
22	灌草	59.8	9.9	18.6	3.1
23	建筑	6.4	1.0	6.6	1.1
24	农田	12.9	2.1	34.6	5.7
总计		606.1	100.0	606.1	100.0

数据来源：遥感数据。

总体来说，10 多年来，高源村森林结构发生了较大变化，距离农户居住地较近的灌草、阔叶幼林、早竹面积减少，被改造成香榧林，毛竹林也有大面积增加。从 2004 年和 2019 年的各林种类型及其面积比例来看，阔叶幼龄林、早竹、灌草等所占面积比例达 80%以上，整个村庄森林面积虽然很大，但林分的质量都较差，森林质量不高。

4.2.2.3 百花村森林恢复的资源时空变化分析

百花村东高西低，东边依靠九华山，西边青通河贯穿全境，山水之间分布着村庄的大部分平原，山地约占全村总面积的 58%，大部分山地的山势较为平缓，适宜开展农林业生产活动。2018 年农田面积与 2008 年相比已大量减少，减少的农田绝大部分退耕还林，有一小部分用于新建道路（图 4.7、图 4.8）。

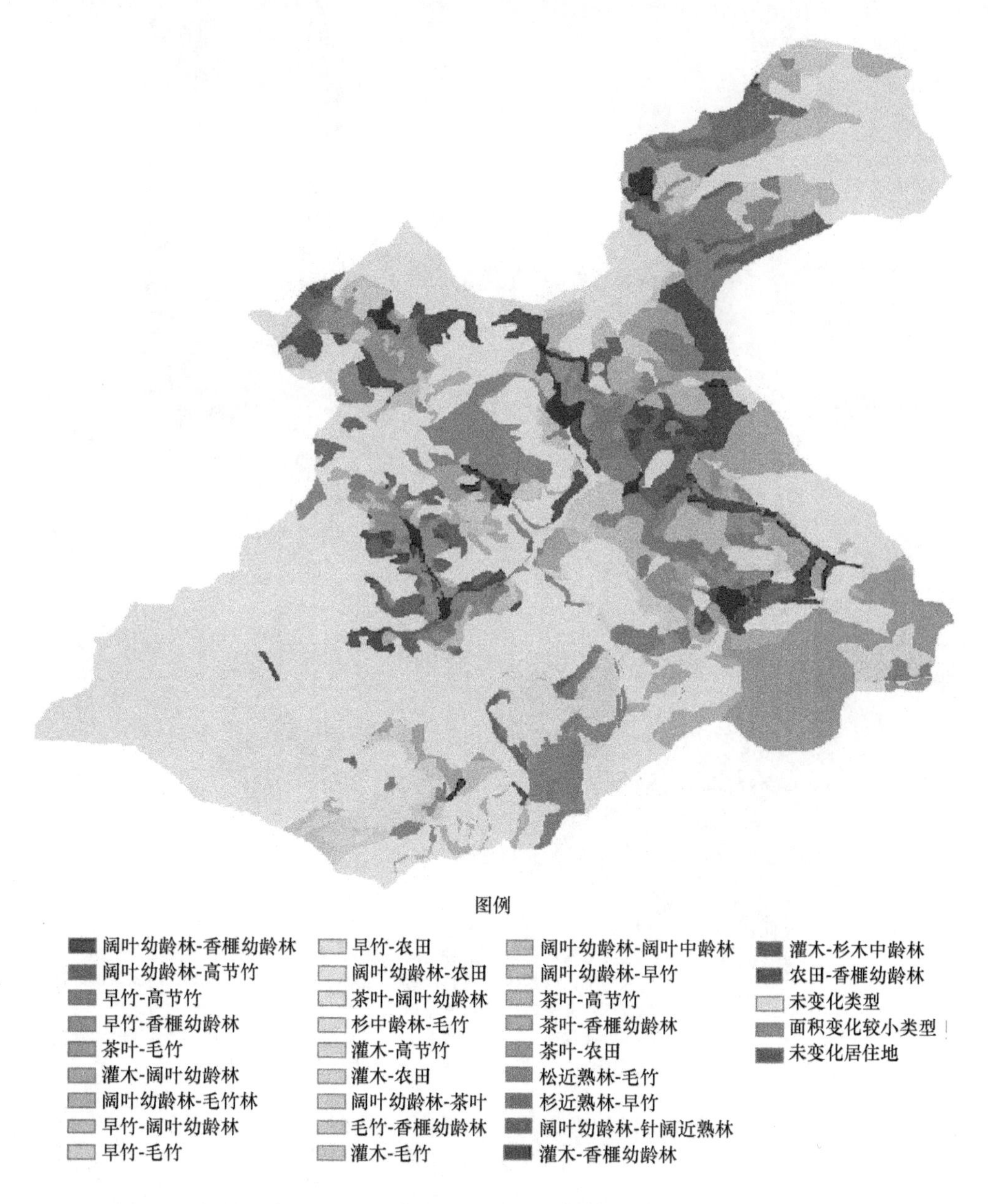

图 4.6 高源村 2004～2019 年土地利用/土地覆盖图（彩图请扫封底二维码）

数据来源：遥感数据

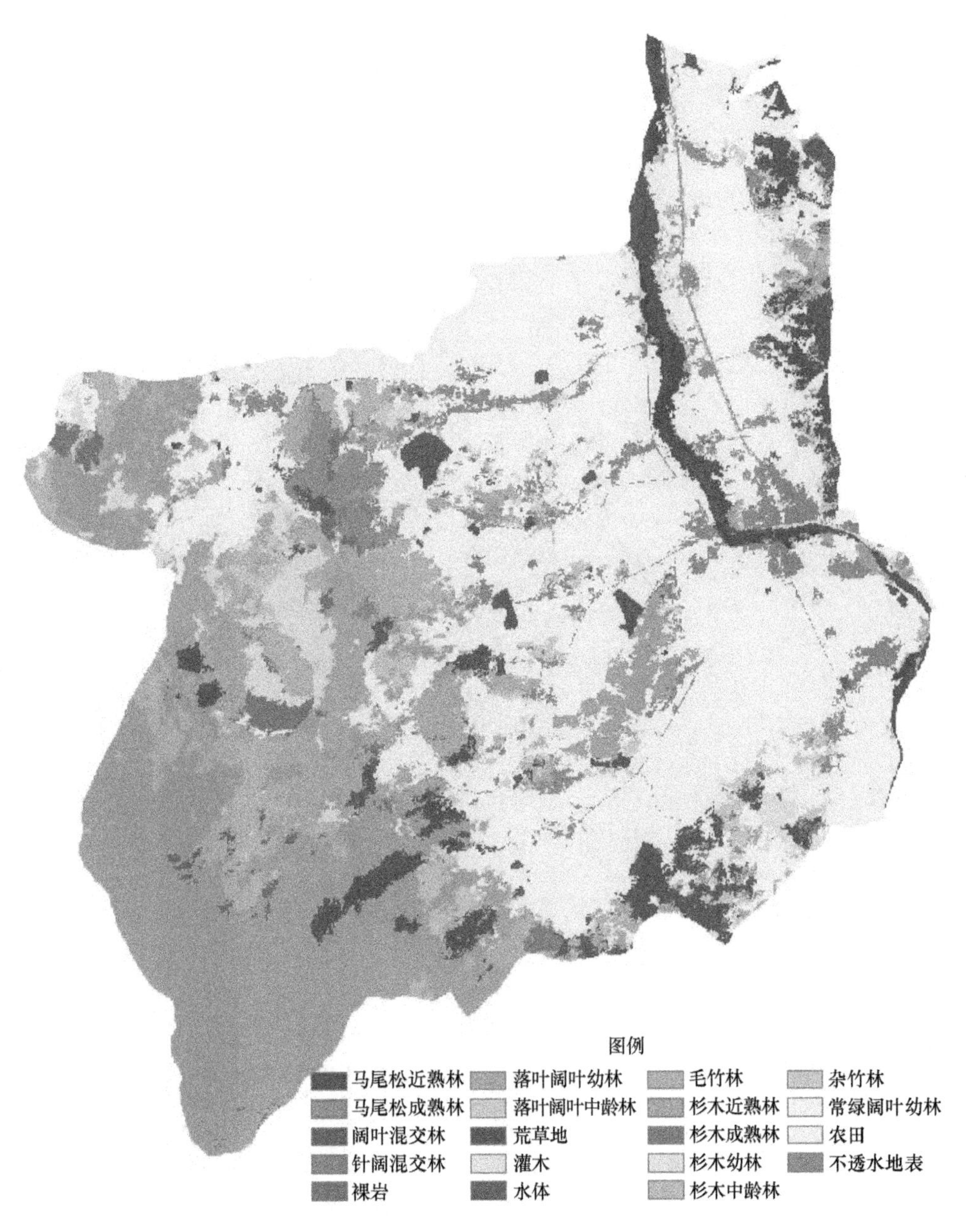

图 4.7 百花村 2008 年土地利用/土地覆盖图（彩图请扫封底二维码）

数据来源：遥感数据

2008 年农田面积占全村总面积的 45.2%（表 4.9），除在分布于平原分布外，还有大量农地分布在低丘缓坡（图 4.7）。2018 年农田面积占全村总面积的 32.69%（表 4.9），建设用地增加了 50%，主要来自占用农地。

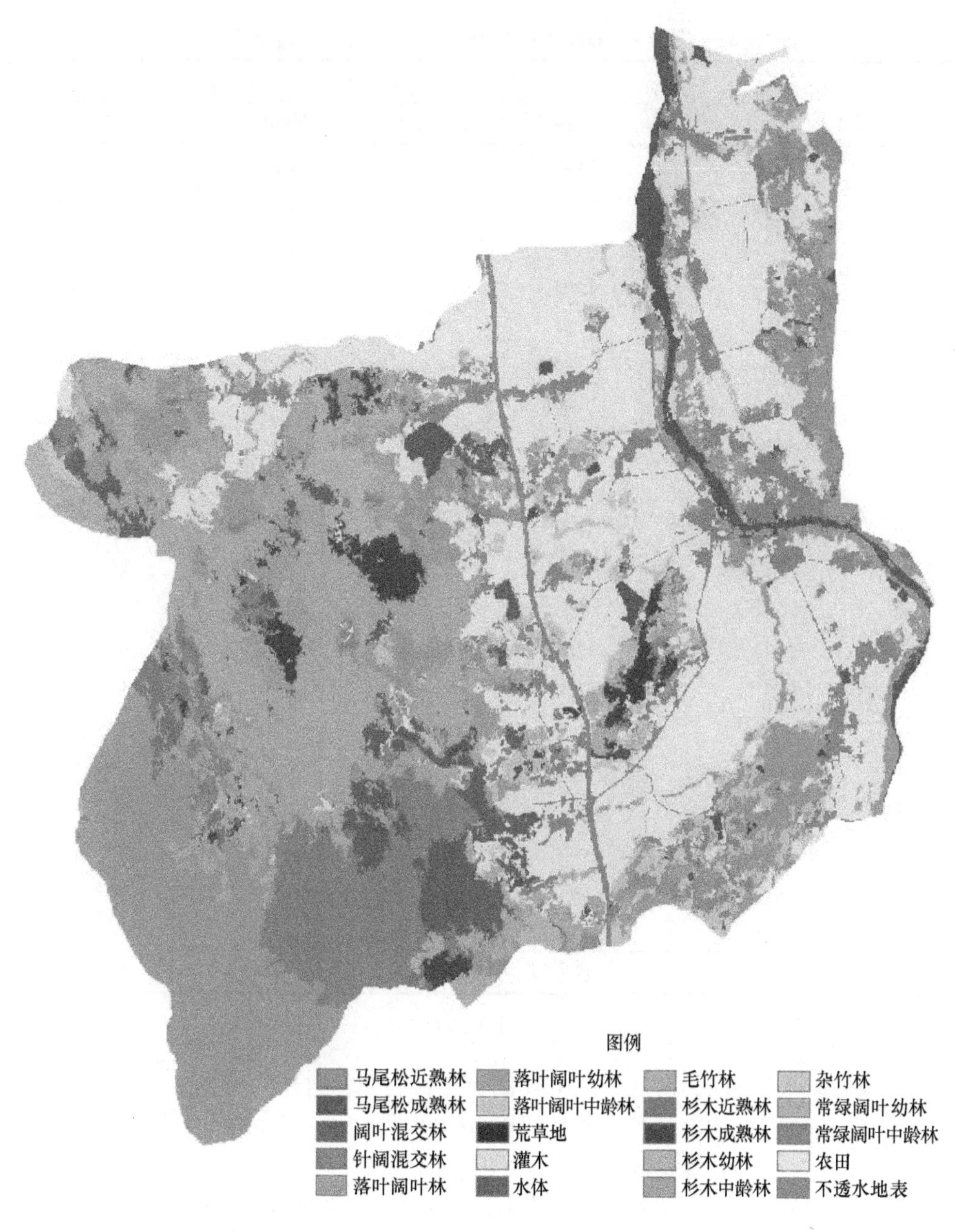

图 4.8 百花村 2018 年土地利用/土地覆盖图（彩图请扫封底二维码）

数据来源：遥感数据

百花村土地覆盖利用变化如图 4.9 所示，百花村 10 年间森林面积大幅度增加。2008 年森林面积占全村面积的 45%，2018 年森林面积占全村总面积的 56.7%，增长了 11.7%（表 4.9），森林增长面积主要由农地、灌木和荒草地转变而来，

表 4.9 百花村 2008 年和 2018 年各类土地利用/覆盖面积

序号	土地利用/覆盖类型	2008 年		2018 年	
		面积/hm²	面积占比/%	面积/hm²	面积占比/%
1	马尾松成熟林	16.01	1.3	2.06	0.17
2	马尾松近熟林	55.38	4.4	16.29	1.31
3	杉木成熟林	13.66	1.1	27.91	2.24
4	杉木近熟林	30.03	2.4	9.95	0.80
5	杉木中龄林	78.32	6.3	10.23	0.82
6	杉木幼林	17.81	1.4	19.22	1.54
7	常绿阔叶幼林	0.35	0.0	55.55	4.46
8	常绿阔叶中龄林	0	0	0.35	0.03
9	落叶阔叶幼林	236.39	19.0	255.21	20.47
10	落叶阔叶中龄林	15.89	1.3	1.19	0.10
11	阔叶混交林	7.01	0.6	45.51	3.65
12	针阔混交林	0.53	0.0	73.37	5.88
13	毛竹林	67.77	5.4	143.15	11.48
14	杂竹林	22.84	1.8	46.47	3.73
15	灌木	16.17	1.3	4.32	0.35
16	荒草地	12.56	1.0	0.01	0.00
17	农田	563.36	45.2	407.62	32.69
18	不透水地表	59.65	4.8	94.41	7.57
19	水体	29.87	2.4	34.12	2.74
20	裸岩	3.35	0.3	0	0
总计		1246.95	100.00	1246.95	100.00

数据来源：遥感数据。

是多年来退耕还林的显著成效。10 年间百花村的森林结构发生变化不大，除杉木与马尾松有小部分成熟林和近熟林转变为阔叶林外，大部分只发生龄级变化；退耕还林的以落叶与常绿落叶幼林为主；毛竹面积增加较多，占总面积的 7.1%，再就是针阔混交林与阔叶混交林面积有所增加，分别占总面积的 5.88%和 3.65%（图 4.9、表 4.9）。

总体来说，百花村森林面积增加主要来源于退耕还林，基本上原有山地上的农田都还林了，村庄整体的森林类型与结构变化不大。百花村森林以杉木、马尾松、毛竹和阔叶林为主，森林结构与质量都较高。

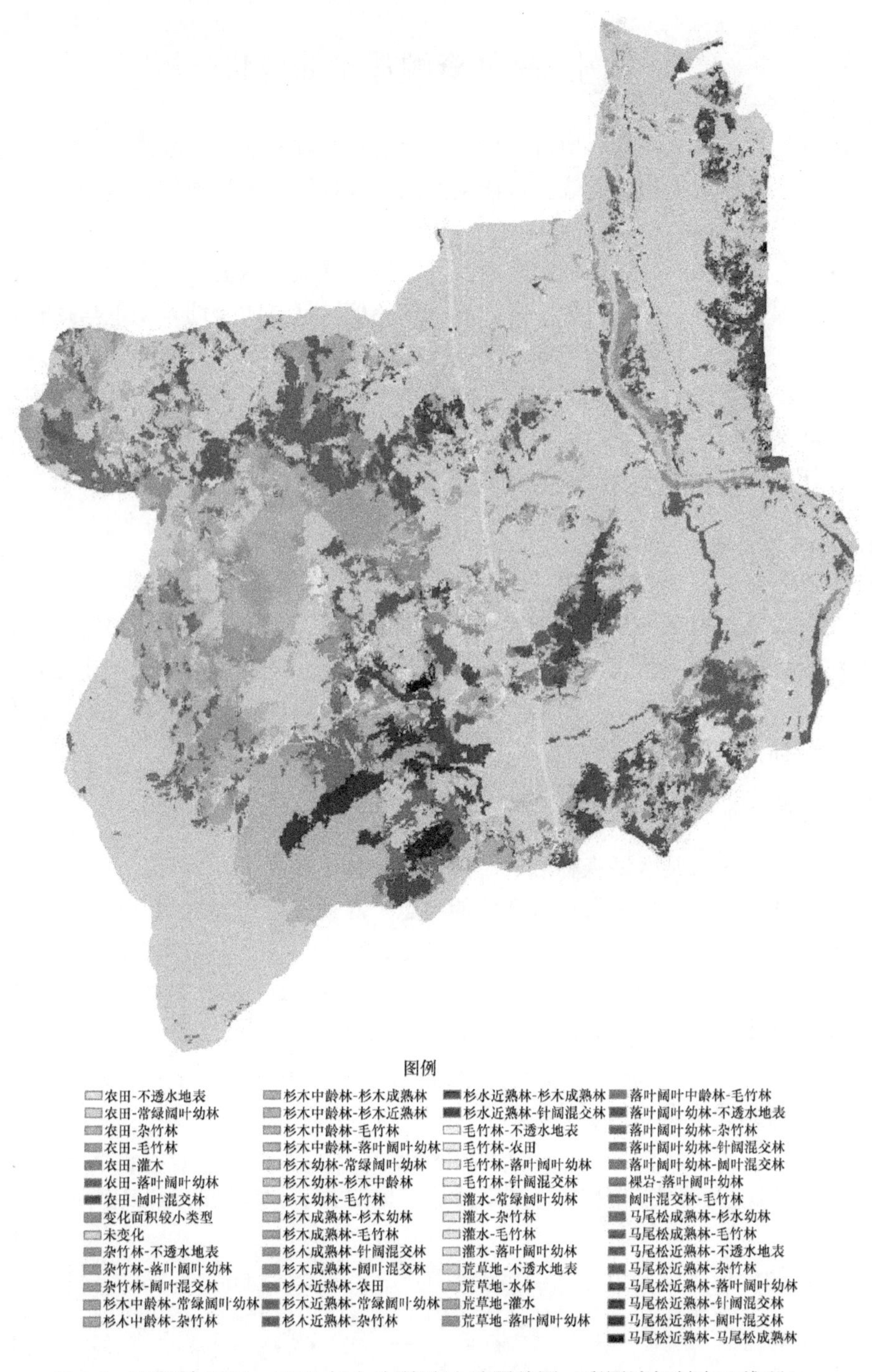

图 4.9　百花村 2008～2018 年土地利用/土地覆盖图（彩图请扫封底二维码）

数据来源：遥感数据

4.3 案例点森林资源质量的现状分析

在亚太森林恢复网络的项目支撑下，案例点的森林面积大幅增加，林分结构得到调整，森林恢复初见成效。目前案例点的森林资源质量如何、是否处于较好状态，仍需要进行科学的评估。

森林资源质量的好坏由多种因素共同决定。在森林资源调查中常用来描述森林资源的因子较多：平均胸径、平均高、郁闭度、活立木公顷蓄积量与森林木材生产力有关；海拔、坡度、坡向、坡位土层厚度、腐殖质层厚度与森林立地条件关系密切；龄组、林下植被平均高、林下植被覆盖度、灾害等级与森林结构稳定有关。本文根据这些因子，基于高山村、昔口村、百花村的森林类型，利用熵值评价方法对森林质量做出定量的评价。

4.3.1 研究方法

熵值法是指用来判断某个指标的离散程度的数学方法。离散程度越大，该指标对综合评价的影响越大。熵值法是根据各项指标值的变异程度来确定指标权数的，这是一种客观赋权法，避免了人为因素带来的偏差，因此本研究采用熵值法对评价指标体系进行赋权。

4.3.1.1 熵值综合评价的权重

假定需要评价某区域森林质量，评价指标体系包括 n 个指标。这是一个由 m 个样本组成、用 n 个指标做综合评价的问题，对此，可以建立如下数学模型：

论域为

$$U=\{u_1,u_2,\cdots,u_i,\cdots,u_m\} \qquad (i=1,2,\cdots,m) \tag{4.1}$$

每一样本（评价对象）u_i 由 n 个指标的数据表征：

$$u_i=\{X_{i1},X_{i2},\cdots,X_{ij},\cdots,X_{in}\} \qquad (j=1,2,\cdots,n) \tag{4.2}$$

于是得到评价系统的初始数据矩阵：

$$\boldsymbol{X}=\{x_{ij}\}_{m\times n} \tag{4.3}$$

上式中 x_{ij} 表示第 i 个样本第 j 项评价指标的数值。数据的标准化矩阵为

$$\boldsymbol{Y}=\{y_{ij}\}_{m\times n} \tag{4.4}$$

数据的标准化公式为

$$y_{ij}=\frac{x_{ij}}{\sum_{i=1}^{m}x_{ij}} \tag{4.5}$$

第 j 项指标的信息熵值为

$$e_j = -K\sum_{i=1}^{m} y_{ij} \ln y_{ij} \tag{4.6}$$

式中，常数 K 与系统的样本数 m 有关。对于一个信息完全无序的系统，有序度为零，e=1；当 m 个样本处于不完全无序分布状态时，$Y_{ij}=1/m$，$K=1/\ln m$，$0 \leqslant e \leqslant 1$。

某项指标的信息效用价值取决于该指标的信息熵 e_j 与 1 之间的差值

$$d_j = 1 - e_j \tag{4.7}$$

利用熵值法估算各指标的权重，其本质是利用该指标信息的价值系数来计算的，价值系数越高，对评价的重要性就越大。最后可以得到第 j 项指标的权重为

$$w_j = d_j / \sum_{j=1}^{n} d_j \tag{4.8}$$

4.3.1.2　样本的评价

用第 j 项指标权重 w_j 与标准化矩阵第 i 个样本第 j 项评价指标接近度 x'_{ij} 的乘积作为 x_{ij} 的评价值 f_{ij}，即

$$f_{ij} = w_j x'_{ij} \tag{4.9}$$

第 i 个样本的评价值

$$f_i = \sum_{j=1}^{n} f_{ij} \tag{4.10}$$

显然，f_i 越大，样本的效果越好。最终比较所有 f_i 的数值，即可得到评价结论。

4.3.1.3　多层评价系统的评价

对于多层结构的评价系统，根据熵的可加性，可以利用下层结构的指标信息效用值，按比例确定对应于上层结构的权重 W_j 数值。对下层结构的每类指标的效用值求和，得到各类指标的效用值和，记作 D_k（$k=1,2,\cdots,n$）。进而得到全部指标效用值的总和（何有世和徐文芹，2003）：

则相应类的权重为

$$W_k = D_k / D \tag{4.11}$$

指标对应于上层结构的权重为

$$W_j = d_j / D \tag{4.12}$$

该指标对应于上层结构的评价值为

$$f'_{ij} = \sum_{i=1}^{n} w_j x'_{ij} \tag{4.13}$$

4.3.2 森林质量评价结果分析

利用高山村、昔口村、百花村的森林调查样本，得到各村森林质量评价因子权重（表 4.10）。将各类型森林斑块景观斑块的评价因子归一化平均值代入公式(4.13)，得到各景观斑块的评价值，评价结果如表 4.11 所示。

表 4.10　森林质量评价因子权重

评价因子	海拔	坡度	坡向	坡位	土层厚度	腐殖质层厚度	病害等级	平均树龄	平均胸径	林木植被平均高	郁闭度	每公顷平均蓄积
高山村	0.0053	0.0393	0.0048	0.0166	0.0063	0.1132	0.0023	0.1282	0.0538	0.0138	0.2121	0.0094
昔口村	0.0154	0.0310	0.0058	0.0123	0.0035	0.013	0.0198	0.0782	0.1011	0.0523	0.0072	0.0105
百花村	0.1442	0.1010	0.0053	0.0727	0.0062	0.0108	0.3245	0.0776	0.0340	0.1207	0.0329	0.0047

数据来源：遥感数据。

表 4.11　三村两期森林类型质量评价结果①

昔口村			高山村			百花村		
森林类型	2004 年	2018 年	森林类型	2004 年	2019 年	森林类型	2008 年	2019 年
	评价值	评价值		评价值	评价值		评价值	评价值
桑田	–0.38	–0.38	茶叶	0.10	–0.52	杉木幼龄林	0.60	–1.34
茶叶	–0.19	–0.27	马尾松中龄林	0.14		落叶阔叶林	–0.55	–0.66
雷竹	–0.13	–0.27	马尾松近熟林	–0.19		常绿阔叶林		–0.18
苗圃	–0.30	–0.19	马尾松成熟林		–0.46	杂竹林	0.18	–0.13
杨梅林	–0.12	–0.18	香榧幼龄林		–0.37	针阔混交林	–2.68	0.11
高节竹	0.002	–0.15	灌草	–0.01	–0.12	灌木林	0.19	0.17
香榧套种		–0.11	山核桃中龄林		–0.12	毛竹林	0.538	0.45
毛竹	0.02	–0.04	山核桃幼龄林		–0.09	杉木近熟林	0.56	0.53
香榧初产林		–0.02	香榧中龄林		–0.06	马尾松近熟林	0.37	0.56
杉木近熟林		0.01	杉木中龄林	0.12	0.124	马尾松成熟林	–1.47	
杉木幼龄林		0.06	雷竹		0.17	阔叶混交林	0.35	0.63
杉木中龄林		0.14	高节		0.18	杉木中龄林	0.38	1.01
阔叶幼龄林	0.18	0.19	毛竹	0.12	0.26	杉木成熟林	0.41	1.40
杉木成熟林	0.23	0.47	早竹林	–0.08				
针阔混交林	0.44	0.52	阔叶幼龄林	0.19	0.38			
阔叶异龄林		0.54	杉木成熟林	0.14	0.39			
马尾松成林		0.57	杉木近熟林	0.72				
马尾松近熟林	0.56		杉木幼龄林	0.09				
			针阔混交林		0.49			
			阔叶中龄林		1.07			

数据来源：遥感数据。

① 该表表示一个村的不同类型森林质量评价结果，数值越大表示质量越好，数值越小表示质量越差。例如，昔口村 2018 年桑田质量评价结果为–0.38，杉木成熟林质量评价结果为 0.47，针阔混交林质量评价结果为 0.52，表明该村森林质量由高到低为针阔混交林>杉木成熟林>桑田。空格表示那一年没有此类树种。

4.3.2.1 昔口村森林质量评价结果分析

昔口村整体森林质量逐步改善，得益于村里面积较大的马尾松林、杉木林、竹林森林质量的好转。马尾松林在1989年被列为保护林，一直处于封山育林状态。由表4.11中的评价值也可以看出，马尾松林是昔口村自然生态质量最好的，也是最稳定的，一直处于较好状态。

杉木林近10多年来森林质量有所下降。村民为提高收入，对集体杉木林进行了多年集约化经营，杉木林经过改造目前各年龄阶段的都有相当大的面积，龄级结构较好，但是综合质量一般，主要是由于多代连栽，人工林的针叶化、纯林化现象加剧，杉木人工林生态系统固有的生态弱点日益显现。2018年对多年经营的杉木林进行了样地调查，发现：①杉木纯林连栽、萌芽，林地养分被大量消耗，土壤微生物数量逐年减少，致使林地质量退化、水土流失，生产力下降快；②现有林分密度偏大，林分结构单一，生物多样性低，病虫害、景观效果较差。这些严重的生态后果，直接制约着杉木人工林的可持续发展。亟须采取科学的经营管理模式改善示范区森林景观，优化用材林品质，实现可持续经营。

近年来由于部分森林封山育林和一些人工林的科学抚育，出现了部分针阔混交林、阔叶幼龄林，这些林分的质量都处于较好状态（图4.10）。

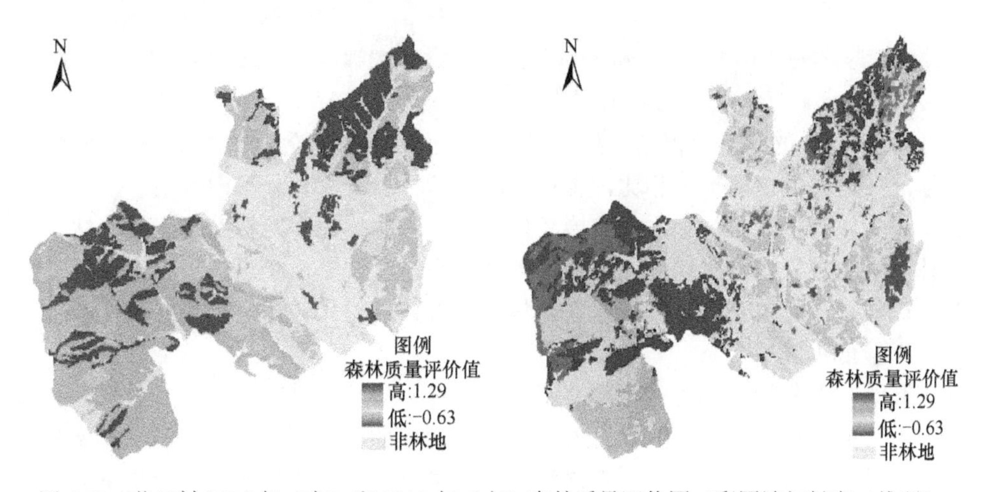

图4.10 昔口村2004年（左）和2018年（右）森林质量评价图（彩图请扫封底二维码）

数据来源：遥感数据

此外，2004年、2018年昔口村的毛竹林质量一直处于中等质量水平。昔口村质量较差的森林类型主要是高节竹、雷竹林、其他经济林，这可能是当地农户对经济林过度经营，造成了一系列生态问题，因此亟须对经济林经营采取科学的管理措施。

4.3.2.2 高源村森林质量评价结果分析

高源村整体森林质量较差，主要原因是森林立地条件较差，尽管近20年对森林实施了保护与禁止滥砍滥伐的管理措施，但是森林恢复的成效仍然不明显。2004～2019年，整个村的各类型森林面积变化不大，森林质量一直处于较差状态，生态环境仍然十分脆弱，由于人为毁林开荒造成的山地“石漠化”[①]现象未得到明显改善（图4.11）。

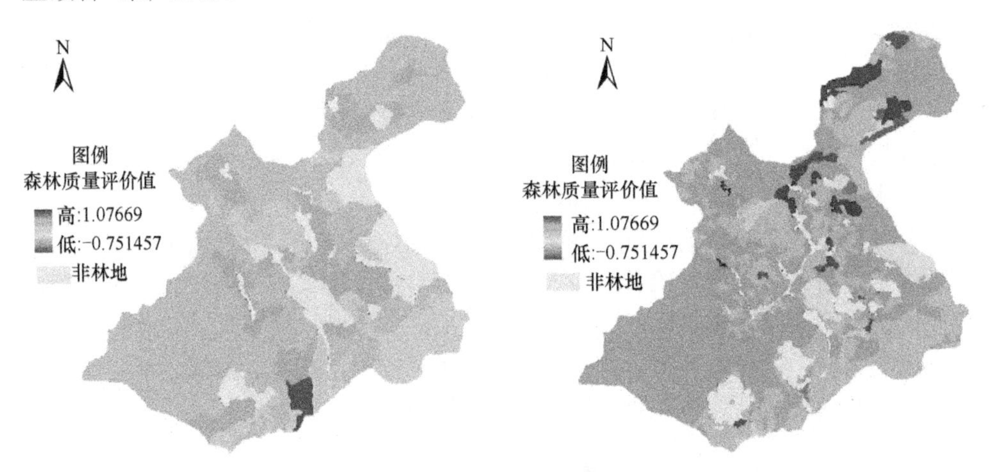

图4.11 高源村2004年（左）和2019年（右）森林质量评价图（彩图请扫封底二维码）
数据来源：遥感数据

由表4.11的评价值得到，高源村近20年来，面积较大的阔叶幼龄林发展比较稳定，与其他森林类型相比，森林阔叶幼龄林质量一直处于中等水平，有部分已发展为阔叶中龄林。杉木林发展较好，已由幼龄林、中龄林发展为成熟林，且森林质量也较好。马尾松林在本村分布面积小，近年来由于自然更新，已处于劣势，森林质量有所下降。高源村的竹林和经济林发展比较稳定，森林质量水平一直处于较低水平。

高源村面积较大的森林类型有阔叶幼龄林、旱竹、灌草、茶叶、毛竹，占本村总面积的90%，其中阔叶幼龄林占村庄总面积的50%以上。高源村的杉木林、马尾松林森林质量相对较高，但面积较小。旱竹、毛竹的生态质量变化不大。阔叶幼龄林的生态质量有所提高，但因阔叶幼龄林生长缓慢，再加上立地条件差，森林生态质量提高不明显。

根据调查，为提高社区居民的收入、加快森林的恢复，2008年开始将社区居住地周边的灌林和阔叶幼林改造为香榧林，现为香榧幼龄林。香榧林近年来虽然给林

① 石漠化，亦称石质荒漠化，是指因水土流失而导致地表土壤损失、基岩裸露，土地丧失农业利用价值和生态环境退化的现象。

农带来了经济效益，但在改善立地与生态功能等方面却没有良好表现，对经营的可持续发展是不利的。根据样地调查，受人为经营活动影响，被改造为香榧林的森林生态功能还未恢复，主要表现为以下三点：①香榧示范林林分结构单一，林下植被稀少，生物多样性低；②长期使用除草剂导致部分区块有土壤酸化板结现象，近年来水土流失情况愈加明显；③香榧示范林处于幼龄林阶段，土壤裸露，景观效果较差。林分郁闭度低，坡度大，极易造成水土流失，导致香榧林养分不足进而影响产量。

基于目前森林改造项目的开展，今后需要进一步加强森林生态恢复措施，在获得经济效益的同时也要兼顾生态环境的保护，使得森林健康发展，取得长久的经济效益，促进生态可持续发展。

4.3.2.3 百花村森林质量评价结果分析

百花村森林以杉木、马尾松、毛竹和阔叶林为主，村庄整体森林的面积和结构变化不大，森林生态质量相对稳定。由表 4.11 的评价值可知，百花村杉木林由原来的成熟林发展为各龄级都有，森林结构与质量都一直处于比较好的水平。马尾松林早期受病虫害影响，有一部分发展为杉木林和毛竹林，留下来的发展比较稳定，质量中等。毛竹林发展变化不大，质量一直维持中等水平。阔叶混交林的发展也一直较好，森林质量有所提升。阔叶幼龄林的质量较差，主要由退耕还林发展而成。

总体来说，百花村杉木林、马尾松林、毛竹林等森林质量较高，同时百花村退耕还林面积很大，基本上原有山地上的农田都还林了，由农田退耕还林的森林质量较低，这部分多为阔叶林和经济林，仍处于幼龄期，生长缓慢，要达到较高的森林生态质量，仍需要有一个较长的恢复期（图 4.12）。

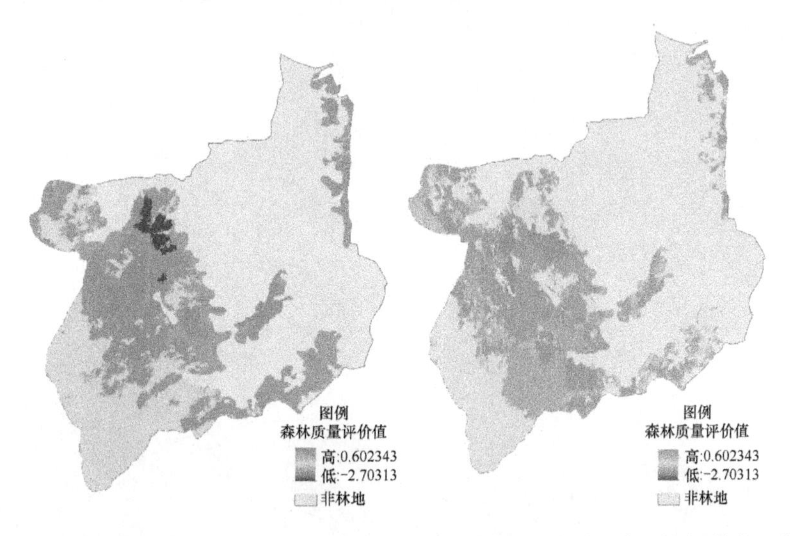

图 4.12 百花村 2008 年（左）和 2019 年（右）森林质量评价图（彩图请扫封底二维码）
数据来源：遥感数据

同时，百花村的森林恢复也面临着土壤瘠薄、局部森林质量差的问题。百花村西南部石质山现象严重，林分立地条件差，土层较薄，岩石裸露较多，森林植被以松树为主，生长密度不均、树木矮小。退耕还林的森林都还处于幼林阶段，部分为经济林，不合理的种植与管理措施致使森林恢复缓慢。今后需要加强保护与管理，使其稳定进入较大年龄后，即可得到可持续发展。

4.4 本章小结

本章主要利用案例点土地遥感数据和森林资源清查数据分析了案例点森林资源的时空变化，并在此基础上评价了案例点森林恢复的效果，考察了案例点的森林质量。

数据分析显示，近 10 年来案例点森林面积略有增加，增加的森林面积主要来源于荒山造林和退耕还林，森林结构基本保持稳定，以马尾松、杉木、竹林和阔叶林为主的林分类型主要从幼龄林、近熟林转化为近熟林和成熟林，同时针阔混交林被大面积改造为香榧林、毛竹林等经济林，成为山区人民的主要经营类型。

通过对案例点森林资源质量评价的分析发现，案例点森林资源质量总体情况变好，局部森林质量差。森林质量变好的主要原因是原有森林类型的成熟，以马尾松、杉木和阔叶林为主的森林类型随着时间推移而质量变好，局部森林质量差主要是指人工改造的经济林质量较差。质量差的原因主要分为两个方面：一方面，人工经营强度过大导致水土流失加剧，造成森林质量降低；另一方面，案例点经济林大多还处于幼龄林阶段，林分功能较差，发挥的生态效益较弱。

5 基于社区层面森林恢复评价研究

5.1 理论基础

森林恢复评价是对森林生态-经济系统的功利主义评价。人类对于森林恢复的关心都是基于森林对人类的有用性，或者说是基于森林存在的“效用”，即森林通过提供产品与服务，与人类社会经济系统形成交互，从而对人类产生有用性，这种有用性是广泛的，如提供木材等产品，也可以是提供人类生存保障的生态系统服务，还可以是供人类欣赏、游憩的景观服务等。因此，对于森林恢复的评价转而评价森林对人类的有用性，必须纳入森林生态-经济系统分析框架下予以评价。

森林生态系统是开放的、部分可控的系统。森林生态系统与系统外存在大量的物质、能量和信息交换，其系统是开放的；同时森林生态系统与人类的关系表现在人类对森林生态系统规律性具有一定程度的认识，可以部分改变森林系统状态，这种认识与改变又是有限的、局部的。以人类为主体的经济系统对森林生态系统的需求与森林生态系统对经济系统的供给之间发生了紧密的联系，从而形成一个森林生态-经济系统。在这个系统中，只有当经济系统对森林生态系统的需求与通过合理的经营使森林生态系统对经济系统的供给之间相互协调、处于动态平衡时，才能在森林生态-经济系统的优化过程中取得越来越大的效益，森林生态经济系统才能作为一个整体得到发展，表现为具有强的产品与服务供给能力，森林生态-经济系统的良性循环有利于人类社会的不断发展。

森林恢复的影响包括经济影响与社会影响两个方面。

1）经济影响分析

总体层面上，森林恢复不但会影响当地的经济总量、增长方式、经济结构等方面，而且还会使资源向特定产业、区域流动。此外，森林恢复也可能会对区域的产业活动产生影响，主要表现在产业结构变化、产业效率提升等方面。个体层面上，森林退化对微观的企业生产活动和居民消费活动会产生重要影响。森林恢复会影响企业的生产成本及生产效益，这种影响在短期和长期上表现出差异性。森林恢复也会对居民的消费行为产生影响，主要包括居民消费水平的提高及福利水平的变化，其中消费水平提高主要从居民对消费品数量、结构及质量需求等方面来体现，福利水平变化主要包括居民收入、可支配收入和储蓄情况等。

2）社会影响分析

森林恢复可能对社会公平、人口、就业、健康水平、生活方式等社会因素产生影响。森林恢复可能会对不同利益群体产生差异化的影响，从而形成社会公平效应；环境政策实施也会产生人口效应，主要从人口规模、人口结构、人口密度等方面来体现；环境政策实施对就业机会的增加和劳动力结构的变化等方面的影响也是社会影响重要的组成部分；另外，环境政策实施会影响环境质量水平的变化，进而对居民的健康水平产生影响，形成环境政策的健康效应。

5.2 基于社区层面的森林恢复评价体系设计

5.2.1 评价标准和指标体系

森林恢复是一个比较静态分析的过程。根据评价参照系的不同，有两种评价模式可供选择：第一种评价模式是以理想的森林模型为参照系，这种森林恢复评价实质是森林可持续发展评价，评价结果为当前森林状态与理想状态的差距；第二种评价模式是以时间 t=0 的森林状态为参照系，其评价目的在于表征人为或自然干扰对森林影响的变化过程。第一种评价模式的优点是参照系稳定，有利于不同研究对象的比较；第二种评价模式的优点是比较容易操作，适合于同一研究对象的不同时间点的比较，用于不同研究对象之间的比较则具有局限性。本研究将采用第二种评价模式，即在研究案例点选择两个时间点，分别调查两个时间点的案例点社会经济情况及森林资源情况，利用指数体系研究森林资源产品供给能力变化和生态服务供给能力变化及其影响因素。

森林恢复的指标体系包括森林产品供给能力、森林生态服务供给能力和社会经济影响（表 5.1）。

表 5.1 森林恢复及其社会经济影响指标体系

一级指标	二级指标	计算方法	备注	数据来源
森林产品供给能力	森林面积/森林覆盖率	报告期/基期	村	二类调查数据
	单位面积森林蓄积变动/单位面积森林年生产量	报告期/基期	村	二类调查数据
	森林郁闭度/覆盖度	报告期/基期	村	二类调查数据
森林生态服务供给能力	生态公益林面积占比	报告期/基期	村	二类调查数据
	森林生态系统稳定性/稳定森林生态系统占比	报告期/基期	村	二类调查数据
	森林受灾（害）面积/未受灾（害）森林面积	报告期/基期	村	村统计资料
社会经济影响	当地劳动力数量	报告期/基期	农户	村统计资料
	林业就业人数占比	报告期/基期	农户	村统计资料
	平均林业收入	报告期/基期	村	村统计资料

森林产品供给能力一级指标包括：①森林面积/森林覆盖率，在社区面积不变的情况下，反映报告期与基期的森林总量变量，是一定前提下森林提供产品与服务总量变动；②单位面积森林蓄积变动/单位面积森林年生长量，反映报告期与基期森林提供产品与服务能力的变动；③森林郁闭度/覆盖度，如灌木林、经济林等形式多样林分，由于缺少统一标准无法衡量其产出，本研究将采用森林郁闭面积/覆盖面积来表示其供给情况。

森林生态服务供给能力一级指标包括：①生态公益林面积占比，反映报告期与基期用于提供生态服务的森林面积占全部森林面积的百分比，是森林生态服务供给的量的指标；②森林生态系统稳定性/稳定森林生态系统占比，用于反映稳定输出森林生态服务的森林面积占比，是反映当地森林生态服务供给质量的指标，当地森林中能够稳定输出森林生态服务面积占比越大，其森林生态服务供给质量就越高，稳定的森林生态系统面积为防护林中的近熟林以上面积之和，稳定森林生态系统占比=稳定生态系统面积/防护林面积；③森林受灾（害）面积/未受灾（害）森林面积，从反面反映森林生态服务输出情况，期间受灾（害）面积占比越大，其生态服务供给质量越差。

社会经济影响一级指标下主要采用当地劳动力数量、林业就业人数占比和平均林业收入来反映森林恢复的社会经济影响。森林恢复对社会经济产生最直接的影响就是当地居民的就业和收入。利用公式：林业收入=劳动力数量×林业就业占比×平均林业收入，形成指数体系。

5.2.2 评价方法

5.2.2.1 评价步骤

森林恢复评价遵从以下程序：①收集基期与报告期案例点面上数据，包括社会经济数据、森林资源数据等；②建立指数体系；③根据指数体系分别计算森林恢复的影响相对数与绝对数；④比较不同时间点的森林恢复评价结果，对森林恢复情况进行研究。

5.2.2.2 评价过程

以林分-林龄为评价单元，利用综合指数法开展森林恢复评价。以两因素指标为例，其计算方法如下：

森林恢复指数（相对数）

$$I=\frac{\sum A_i^1 B_i^1}{\sum A_i^0 B_i^0} \tag{5.1}$$

绝对数

$$\Delta = \sum A_i^1 B_i^1 - \sum A_i^0 B_i^0 \tag{5.2}$$

式中，I为森林恢复指数，其值大于 1 表示相对于基期，研究点在报告期森林得到恢复，小于 1 表示相对于基期，研究点在报告期出现森林恢复。A_i^1为报告期第 i 个林分-林龄单元面积；A_i^0为基期第 i 个林分-林龄单元面积；B_i^1为报告期第 i 个林分-林龄单元森林质量；B_i^0为基期第 i 个林分-林龄单元森林质量。

5.3 基于社区层面的森林恢复评价实证研究

5.3.1 高源村

5.3.1.1 森林产品供给能力评价

根据 2004 年和 2016 年临安区森林资源二类清查数据，高源村拥有各类土地总面积 606hm^{2}和 627hm^2，林分以阔叶树为主，占比 50%左右，其次是毛竹、早竹、高节竹等竹林（表 5.2）。

表 5.2 高源村土地使用情况

林分类型	2004 年			2016 年		
	面积/hm^2	郁闭度	单位蓄积/（m^3/hm^2）	面积/hm^2	郁闭度	单位蓄积/（m^3/hm^2）
阔叶	320	0.56	45.66	286	0.71	114.70
杉	24	0.42	133.57	8	0.77	238.18
松	11	0.77	337.63	16	0.64	122.56
茶叶	47	0.69		8	0.67	
灌木	60	0.51		79	0.41	
毛竹	32	0.74		156	0.77	
早竹	93	0.65		12	0.78	
建筑	6			20		
农地	13			42		
总计	606			627		

数据来源：遥感数据。

由于供给产品不同，将分两种情况开展森林恢复评价：一是以木材产品为主的林分，以面积为总量指标、以单位面积蓄积为质量指标，指数体系为总蓄积=森林面积×单位蓄积；二是其他类型，其供给产品多样，以面积为总量指标，以郁闭度为质量指数，指数体系为总郁闭面积=森林面积×郁闭度。

以 2004 年为基期、2016 年为报告期，对高源村的森林产品供给能力分林分类型进行评价，结果见表 5.3。

表 5.3　高源村森林产品供给能力不同林分类型计算结果

林分类型	影响	总影响	面积影响	单位面积蓄积/郁闭度影响
阔叶	相对数/%	224.51	89.38	251.20
	绝对数/m^3	18 193.00	–1 552.44	19 745.44
杉	相对数/%	59.44	33.33	178.32
	绝对数/m^3	–1 300.24	–2 137.12	836.88
松	相对数/%	52.80	145.45	36.30
	绝对数/m^3	–1 752.97	1 688.15	–3 441.12
茶叶	相对数/%	16.53	17.02	97.10
	绝对数/hm^2	–27.07	–26.91	–0.16
灌木	相对数/%	105.85	131.67	80.39
	绝对数/hm^2	1.79	9.69	–7.90
毛竹	相对数/%	507.26	487.50	104.05
	绝对数/hm^2	96.44	91.76	4.68
旱竹	相对数/%	15.48	12.90	120.00
	绝对数/hm^2	–51.09	–52.65	1.56

由表 5.3 可知，高源村 2004～2016 年 7 个林分类型的森林产品供给能力恢复结果为：阔叶林和毛竹的供给能力得到大幅提升，报告期水平分别为基期水平的 224.51%和 507.26%；灌木林的供给能力略有提升，报告期水平为基期水平的 105.85%；杉、松、茶叶、旱竹的供给水平均出现大幅下降，报告期水平分别为基期水平的 59.44%、52.80%、16.53%和 15.48%。以上林分类型中毛竹、松、灌木 3 种林分面积出现增长，对森林产品供给能力具有正向影响，阔叶林、杉木林单位面积大幅增加对高源村的森林产品供给能力增加贡献大，毛竹、旱竹、茶叶郁闭度基本保持稳定，松树林的单位面积蓄积出现大幅度下降，灌木林的郁闭度也出现下降。

高源村 2004～2016 年森林产品供给能力评价计算结果如表 5.4 所示。

表 5.4　高源村森林产品供给能力评价结果

林分类型	影响	总影响	总面积影响	单位面积蓄积影响
类型 1	相对数/%	169.38	89.81	188.61
	绝对数/m^3	14 979	–2 200	17 180
类型 2	相对数/%	114.17	114.94	99.33
	绝对数/hm^2	21	22	–1

注：类型 1 为以木材为主的林分；类型 2 为其他类型的林分。

类型 1：2004 年总面积为 355hm^2，2016 年总面积为 309hm^2，减少了 46hm^2。

2016 年蓄积量是 2004 年蓄积量的 169.38%，提高了 69.38%，增加了 14 979m^3，蓄积的增加是森林面积与单位面积蓄积量共同影响的结果，其中由于总面积下降，导致 2016 年蓄积相对于 2004 年下降 10.19%，下降的绝对额为 2200m^3，由于单位面积蓄积增加，使 2016 年总蓄积为 2004 年总蓄积的 188.61%，增加绝对额为 17 180m^3。

类型 2：2004 年总面积为 232hm^2，2016 年总面积为 256hm^2，增加了 24hm^2。2016 年的郁闭面积是 2004 年的 114.17%，提高了 14.17%，增加了 24hm^2，郁闭面积的增加是森林面积与郁闭度共同影响的结果，其中由于面积增加，导致 2016 年郁闭面积相对于 2004 年增加了 14.94%，增加的绝对额为 22hm^2，由于郁闭度变动，使 2016 年郁闭面积为 2004 年的 99.33%，下降绝对额为 1hm^2。

对高源村的森林产出综合指数计算方法为：以类型 1 和类型 2 的报告期面积为权重，对两种类型指数进行加权，计算结果为 144.39%，即 2016 年高源村森林产品供给能力为 2004 年的 144.39%，提高了 44.39%。

5.3.1.2 森林生态服务供给评价

在 2004 年和 2016 年各类土地总面积 606hm^2 和 627hm^2 中减去其中的建筑用地和农田，将林种与林龄作交叉表，得到不同林种-林龄交叉表（表 5.5）。

表 5.5 2004 年与 2016 年高源村森林林种-林龄面积统计结果 （单位：hm^2）

年份	林种	幼龄林	中龄林	近熟林	成熟林	过熟林	其他	总计
2004	生态林	260	5	48			47	359
	经济林[1]			108			3	111
	用材林[2]	57	11	30	1		13	112
	合计	326	16	187	1		76	583
2016	生态林	235	9	59	1		12	316
	经济林			49			8	57
	用材林	68	9	63	1			141
	合计	351	22	171	2		81	514

数据来源：遥感数据。

根据指标体系计算要求，对上述数据进行计算，整理得到森林恢复生态供给能力评估计算结果（表 5.6）。

① 经济林是指以生产果品、食用油料、工业原料和药材为主要目的的林木。

② 用材林是指以培育和提供木材或竹材为主要目的的森林。

表 5.6 高源村森林生态服务供给能力评估计算结果

年份	森林总面积/hm^2	防护林占比/%	稳定生态供给面积占比/%	未受灾森林占比/%
2004	583	61.65	13.24	100.00
2016	514	61.53	18.97	100.00

以 2004 年为基期、2016 年为报告期，对高源村的森林生态服务供给能力进行评价计算，结果见表 5.7。

表 5.7 高源村森林生态服务供给能力评价结果

影响类型	总影响	总面积影响	防护林占比影响	稳定生态供给面积占比影响	未受灾森林占比影响
相对数/%	126.10	88.20	99.80	143.26	100.00
绝对数/hm^2	12.42	−5.61	−0.08	18.12	0.00

高源村 2016 年森林总面积为 514hm^2，相比于 2004 年的 583hm^2，下降了 69hm^2，由于森林总面积的下降导致森林生态服务供给能力下降 11.80%，稳定供给森林生态服务的森林面积少了 6hm^2；报告期防护林面积占比为 61.53%，与基期占比 61.65%相比下降了 0.12%，由于防护林面积占比的下降，导致森林生态服务供给能力下降 0.20%，稳定供给森林生态服务的森林面积少了 0.08hm^2；报告期稳定生态供给森林面积占比为 18.97%，比基期的 13.24%提高了 5.73%，由于本项指标的提高导致稳定供给森林生态服务的森林面积增加了 43.26%，促使稳定生态供给面积增加 18.12hm^2，由于报告期与基期未受灾森林面积没有发生变动，影响的相对数与绝对数分别为 100%和 0。

在以上各因素的共同作用下，高源村报告期的森林生态服务供给能力比基期相比增加了 26.10%，稳定供给森林生态服务的森林面积增加 12.42hm^2。

5.3.1.3 森林社会经济影响评价

高源村由原高源、高山两村合并而成，位于玲珑街道办事处政府驻地以南，东临姚家村、殷家村，北靠夏禹桥村、银球坞村，南与富阳市洞桥镇相连。高源村共有 15 个村民小组，17 个自然村①，全村总户数 535 户，人口 1529 人，山林面积 600hm^2，耕地面积 69.8hm^2。2016 年农民人均纯收入约 20 000 元。

森林恢复对当地的社会经济影响主要通过影响就业、收入等途径。通过对对象指标林业收入，因素指标劳动力数量、林业就业人数占比、平均林业收入构成的指数体系进行分析，开展森林恢复社会经济评价的影响研究。

通过对当地的社会经济情况开展调查，得到高源村的社会经济情况，如表 5.8 所示。其中，人均林业实际收入指标由人均林业名义收入指标除以 2004～2016

① 自然村指的是自然形成的聚落，而不是国家以政治力量划分的区划（此种被称为行政村）。在偏远地区，自然村落多为一个姓氏为主的家族或宗族聚居地。

年的农村居民定基 CPI（以 2004 年为 100）。

表 5.8　高源村林业收入指标

年份	劳动力数量/人	林业就业人数占比/%	人均林业名义收入/元	人均林业实际收入/元
2004	541	75	2850	2850
2016	910	50	8551	6057

数据来源：实地调查。

以 2004 年为基期、2016 年为报告期，对高源村的森林恢复社会经济评价结果见表 5.9。

表 5.9　高源村森林恢复社会经济评价结果（一）

影响类型	总影响	劳动力数量影响	林业就业人数占比影响	人均林业实际收入影响
相对数/%	238.33	168.21	66.67	212.53
绝对数/元	1 599 589	788 738	–648 375	1 459 227

高源村 2016 年相对 2004 年由于森林变化对当地林业收入的影响程度为 238.33%，即 2016 年村林业总收入相对于 2004 年提高了 138.33%，提高了 1 599 589 元。以上变动是劳动力数量、林业就业人数占比和人均林业（实际）收入共同影响的结果。其中，当地劳动力总数量提高了 68.21%，使得林业总收入提高了 788 738 元。2016 年，林业就业人数占比比 2004 年下降了 33.33%，导致村林业总收入减少 648 375 元。人均林业实际收入从 2004 年的 2850 元提高到 2016 年的 6057 元，提高了 212.53%，使村林业总收入提高了 1 459 227 元。可见，三个因素中最重要的影响因素为人均林业实际收入的提高。林业就业人数在当地就业中的占比下降，对村林业总收入是负面影响。

把以上分析过程重新进行整理，利用林业就业人数占比与人均林业实际收入进行分析，结果如表 5.10 所示。

表 5.10　高源村森林恢复社会经济评价结果（二）

影响类型	总影响	林业就业人数占比影响	人均林业实际收入影响
相对数/%	238.33	112.14	212.53
绝对数/元	1 599 589	140 363	1 459 227

由表 5.10 可知，林业就业人数占比虽然下降，但是报告期林业总人数比基期提高了 12.14%，使村林业总收入提高了 140 363 元。

5.3.2　昔口村

5.3.2.1　森林产品供给能力评价

根据 2004 年和 2016 年临安区森林资源二类清查数据，昔口村拥有各类土地总面积 602hm^{2}和 600hm^2，林分以用材林与竹林为主，具体情况如表 5.11 所示。

表 5.11 昔口村土地使用情况

林分类型	2004 年			2016 年		
	面积/hm^2	郁闭度	单位蓄积/（m^3/hm^2）	面积/hm^2	郁闭度	单位蓄积/（m^3/hm^2）
阔叶	31	0.00	26.23	29	0.57	125.29
杉	99	0.56	122.52	117	0.70	301.32
松	107	0.61	294.25	86	0.75	448.07
茶叶	39	0.65		16	0.60	
灌木	1	0.75		0	0.83	
果树林	21	0.47		26	0.46	
毛竹	32	0.79		39	0.82	
早竹	38	0.74		143	0.80	
采伐迹地	8			0		
非林地	220			138		
苗圃地	7			6		
总计	602			600		

数据来源：遥感数据。

根据森林供给产品不同，分两种情况开展森林恢复的产品供给能力评价：一是以木材产品为主的林分，以面积为总量指标、单位面积蓄积为质量指标，指数体系为总蓄积=森林面积×单位蓄积；二是其他类型，其供给产品多样，以面积为总量指标、郁闭度为质量指数，指数体系为总郁闭面积=森林面积×郁闭度。

以 2004 年为基期、2016 年为报告期，对昔口村的森林产品供给能力分林分类型进行评价，结果见表 5.12。

表 5.12 昔口村不同林分类型森林产品供给能力计算结果

林分类型	影响	总影响	面积影响	单位面积蓄积/郁闭度影响
阔叶	相对数/%	446.84	93.55	477.66
	绝对数/m^3	2 820.28	–52.46	2 872.74
杉	相对数/%	290.65	118.18	245.94
	绝对数/m^3	23 124.96	2 205.36	20 919.60
松	相对数/%	122.39	80.37	152.28
	绝对数/m^3	7 049.27	–6 179.25	13 228.52
茶叶	相对数/%	37.87	41.03	92.31
	绝对数/hm^2	–15.75	–14.95	–0.80
灌木	相对数/%	121.18	123.81	97.87
	绝对数/hm^2	2.09	2.35	–0.26
毛竹	相对数/%	126.50	121.88	103.80
	绝对数/hm^2	6.70	5.53	1.17
早竹	相对数/%	406.83	376.32	108.11
	绝对数/hm^2	86.28	77.70	8.58

由表 5.12 可知，昔口村 2004～2016 年 7 个林分类型的森林产品供给能力恢复结果为：阔叶林、旱竹和杉木林的供给能力得到大幅提升，报告期水平分别为基期水平的 446.87%、406.83%和 290.65%；毛竹、松树林和灌木林的供给能力略有提升，报告期水平分别为基期水平的 126.50%、122.39%和 121.18%；茶叶的供给水平均出现大幅下降，报告期水平为基期水平的 37.87%。以上林分类型中旱竹面积出现大幅增长，对产品供给能力具有大的正向影响，灌木林、毛竹林和杉木林面积出现小幅增长，对昔口村的森林产品供给能力具有一定程度贡献，阔叶林和松树林面积出现一定幅度下降，茶叶面积下降幅度较大。昔口村的阔叶林、杉木林和松树林的单位面积蓄积均出现较大幅度的增长，对森林面积供给影响产生主要影响。茶叶等林分的郁闭度保持稳定，对森林产品供给的影响较小。

昔口村 2004～2018 年森林产品供给能力评价计算结果如表 5.13 所示。

表 5.13　昔口村森林产品供给能力评价结果

类型	影响	总影响	总量指数影响	质量指标影响
类型 1	相对数/%	227.71	94.36	241.33
	绝对数/hm^2	43 337	–1915	45 253
类型 2	相对数/%	187.99	179.28	104.86
	绝对数/hm^2	79	71	8

注：类型 1 为以木材为主的林分；类型 2 为其他类型的林分。

类型 1：2016 年森林总面积为 $236hm^2$，相对于 2004 年的 $231hm^2$ 增加了 $5hm^2$，2016 年的蓄积量是 2004 年的 227.71%，提高了 127.71%，增加了 43 $337m^3$，蓄积量的增加是森林面积与单位面积蓄积量共同影响的结果，其中由于面积减少，导致 2016 年蓄积量相对于 2004 年下降 5.64%，下降的绝对额为 $1915m^3$，由于单位面积蓄积量增加，使 2016 年总蓄积量为 2004 年总蓄积量的 241.33%，增加的绝对额为 45 $253m^3$。

类型 2：2016 年总面积为 $131hm^2$，相对于 2004 年的 $225hm^2$ 增加了 $94hm^2$，增长相对数为 71.76%，这部分面积的增加主要是由于非林地面积的减少。2016 年的郁闭面积是 2004 年的 187.99%，提高了 87.99%，增加了 $79hm^2$，郁闭面积的增加是森林面积与郁闭度共同影响的结果，其中由于面积增加，导致 2016 年郁闭面积相对于 2004 年增加了 $71hm^2$，增长相对数为 79.28%，由于郁闭度增加，使 2016 年郁闭面积为 2004 年的 104.86%，增加绝对额为 $8hm^2$。

对昔口村的森林产出综合指数计算方法为：以报告期类型 1 和类型 2 的面积为权重，对两种类型指数进行加权，计算结果为 208.15%，即 2016 年昔口村森林产品供给能力为 2004 年的 208.15%，提高了 108.15%。

5.3.2.2 森林生态服务供给评价

在 2004 年和 2016 年各类土地总面积 602hm^2 和 600hm^2 中减去其中的建筑用地和农田，将林种与林龄做交叉表，得到不同林种-林龄面积统计结果（表 5.14）。

表 5.14 2004 年与 2016 年昔口村森林林种-林龄面积统计结果 （单位：hm^2）

年份	林种	幼龄林	中龄林	近熟林	成熟林	过熟林	其他	总计
2004	防护林	0	19	9	29			57
	经济林		26	12			61	99
	用材林	47	76	57	0			180
	总计	47	121	77	29	0	61	336
2016	防护林	2	2	21	21	12	0	59
	经济林		34	106	0	2	16	157
	用材林	37	33	50	72			192
	总计	39	68	176	94	14	17	408

根据指标体系计算要求，对上述数据进行计算，整理得到森林恢复生态供给能力评估计算结果（表 5.15）。

表 5.15 昔口村森林生态服务供给能力评估计算结果

年份	森林总面积/hm^2	防护林占比/%	稳定生态供给面积占比/%	未受灾森林占比/%
2004	336	16.97	66.20	100.00
2016	408	14.42	92.30	100.00

以 2004 年为基期、2016 年为报告期，对昔口村的森林生态服务供给能力评价计算结果（表 5.16）。

表 5.16 昔口村森林生态服务供给能力评价结果

影响类型	总影响	总面积影响	防护林占比影响	稳定生态供给面积占比影响	未受灾森林占比影响
相对数/%	143.99	121.49	85.01	139.43	100.00
绝对数/hm^2	17	8	–7	15	0

昔口村报告期森林总面积为 408hm^2，比基期的 336hm^2 增加了 72hm^2，由于森林总面积的增加导致森林生态服务供给能力上升 121.49%，稳定供给森林生态服务的森林面积多了 8hm^2；报告期防护林面积占比为 14.42%，与基期（占比 16.97%）相比下降了 2.55%，由于防护林面积占比的下降，导致森林生态服务供给能力下降 14.99%，稳定供给森林生态服务的森林面积少了 7hm^2；报告期稳定生态供给森林面积占比为 92.30%，比基期的 66.20%提高了 26.10%，由于本项指标的提高导致稳定供给森林生态服务的森林面积增加了 39.43%，促使稳定生态供

给面积增加 15hm^2。由于报告期与基期未受灾森林面积没有发生变动，影响的相对数与绝对数分别为 100%和 0。

以上各因素的共同作用下，昔口村报告期的森林生态服务供给能力与基期相比增加了 43.99%，稳定供给森林生态服务的森林面积增加 17hm^2。

5.3.2.3 森林社会经济影响评价

昔口村坐落于於潜镇西部，是个山少耕地多、耕地资源丰富的平原村；地域面积 5.96km^2，耕地面积 64.4hm^2，林地面积 528.93hm^2；拥有人口 1328 人，17 个村民小组。2016 年村民人均收入达 20 000 元。

森林恢复对当地的社会经济影响主要通过影响就业、收入等途径。通过对对象指标林业收入，因素指标劳动力数量、林业就业人数占比、平均林业收入构成的指数体系进行分析，开展森林恢复社会经济评价的影响研究。

通过对当地的社会经济情况开展调查，得到昔口村的社会经济情况，如表 5.17 所示。其中，人均林业实际收入指标由人均林业名义收入指标除以 2004～2016 年的农村居民定基 CPI 得到（以 2004 年为 100）。

表 5.17 昔口村林业收入指标

年份	劳动力数量/人	林业就业人数占比/%	人均林业名义收入/元	人均林业实际收入/元
2004	201	63	1770	1770
2016	598	34	5309	3761

数据来源：实地调查。

以 2004 年为基期、2016 年为报告期，对昔口村的森林恢复社会经济评价结果见表 5.18。

表 5.18 昔口村森林恢复社会经济评价结果（一）

影响类型	总影响	劳动力数量影响	林业就业人数占比影响	人均林业实际收入影响
相对数/%	341.14	297.51	53.97	212.49
绝对数/元	540 475	442 695	–306 953	404 734

昔口村 2016 年相对 2004 年由于森林变化对当地林业收入的影响程度为 341.14%，即 2016 年村林业总收入相对于 2004 年提高了 241.14%，提高了 540 475 元。以上变动是劳动力数量、林业就业人数占比和人均林业（实际）收入共同影响的结果。其中，当地劳动力总数量提高了 197.51%，导致村林业总收入增加了 442 695 元。2016 年林业就业人数占比比 2004 年下降了 29%，导致村林业总收入减少 306 953 元。人均林业实际收入从 2004 年的 1770 元提高到 2016 年的 3761

元，提高了 212.49%，使村林业总收入提高了 404 734 元。可见，三个因素中影响较大的因素为劳动力数量的增加和人均林业实际收入的提高。林业就业人数在当地就业中的占比下降，对村林业总收入是负面影响。

把以上分析过程重新进行整理，利用林业就业人数占比与人均林业实际收入进行分析，结果如表 5.19 所示。

表 5.19 昔口村森林恢复社会经济评价结果（二）

影响类型	总影响	林业就业人数占比影响	人均林业实际收入影响
相对数/%	341.14	160.56	212.46
绝对数/元	540 475	135 741	404 734

由表 5.19 可知，林业就业人数占比虽然下降，但是报告期林业总人数比基期提高了 60.56%，使林业收入提高了 135 741 元。

5.3.3 百花村

5.3.3.1 森林产品供给能力评价

根据 2004 年和 2014 年临安区森林资源二类清查数据，百花村拥有各类森林面积分别为 879hm^2 和 601.5hm^2，2004 年林分以松树为主，占比 60%左右，2014 年林分以阔叶树为主，占比约为 45%，详见表 5.20 所示。

表 5.20 百花村森林分布情况

林分类型	2004 年			2014 年		
	面积/hm^2	郁闭度	单位蓄积/(m^3/hm^2)	面积/hm^2	郁闭度	单位蓄积/(m^3/hm^2)
阔叶	105	0.06	2.57	275.6	0.71	8.78
杉	72	0.72	9.20	124.3	0.58	8.19
松	508.5	0.75	9.27	58	0.80	12.17
经济林	178.5	0.27		57	0.48	
毛竹	15	0.89		86.6	0.88	
总计	879	0.46	5.89	601.5	0.70	8.76

数据来源：遥感数据。

由于森林供给产品不同，将分两种情况开展森林恢复的产品供给能力评价：一是以木材产品为主的林分，以面积为总量指标、单位面积蓄积为质量指标，指数体系为总蓄积=森林面积×单位蓄积；二是其他类型，其供给产品多样、面积为总量指标、郁闭度为质量指数，指数体系为总郁闭面积=森林面积×郁闭度。

以 2004 年为基期、2014 年为报告期，对百花村的森林产品供给能力分林分类型进行评价，结果见表 5.21。

表 5.21　百花村不同林分类型森林产品供给能力计算结果

林分类型	影响	总影响	面积影响	单位面积蓄积/郁闭度影响
阔叶	相对数/%	896.71	262.48	341.63
	绝对数/m^3	2149.92	438.44	1711.48
杉	相对数/%	153.69	172.64	89.02
	绝对数/m^3	355.62	481.16	–125.54
松	相对数/%	14.97	11.41	131.28
	绝对数/m^3	–4007.94	–4176.14	168.20
经济林	相对数/%	56.77	31.93	177.78
	绝对数/hm^2	–20.84	–32.81	11.97
毛竹	相对数/%	570.85	577.33	98.88
	绝对数/hm^2	62.86	63.72	–0.87

由表 5.21 可知，百花村 2004～2014 年 5 个林分类型的森林产品供给能力恢复结果为阔叶林、毛竹供给能力得到大幅提升，报告期水平分别为基期水平的 896.71%、570.85%；杉木供给能力有较大幅度上升，报告期水平为基期水平的 153.69%；经济林和松树林的供给水平均出现大幅下降，报告期水平分别为基期水平的 56.77%和 14.97%。以上林分类型中毛竹、阔叶林和杉木林面积出现较大幅增长，报告期水平为基期水平的 577.33%、262.48%和 172.64%，对产品供给能力具有大的正向影响，松树林和经济林面积下降幅度较大。昔口村的阔叶树单位面积蓄积均出现大幅度的增长，松树林具有一定程度增长，杉木林略有下降。经济林的郁闭度出现较大增长，毛竹林保持稳定。

百花村 2004～2014 年森林产品供给能力评价计算结果如表 5.22 所示。

表 5.22　百花村森林产品供给能力评价结果

林分类型	影响	总影响	总量指数影响	质量指标影响
类型 1	相对数/%	73.36	42.32	173.34
	绝对数/hm^2	–1505	–3258	1753
类型 2	相对数/%	170.03	151.13	112.51
	绝对数/hm^2	43	31	12

注：类型 1 为以木材为主的林分；类型 2 为其他类型的林分。

类型 1：2004 年面积为 686hm^2，2014 年为 458hm^2，总面积减少了 228hm^2。2014 年的蓄积量是 2004 年蓄积量的 73.36%，下降了 26.64%，减少了 1505m^3，蓄积量的减少是森林面积与单位面积蓄积量共同影响的结果，其中由于面积下降，导致 2014 年蓄积量相对于 2004 年下降 57.68%，下降的绝对值为 3258m^3，由于单位面积蓄积量增加，使 2014 年总蓄积量为 2004 年总蓄积量的 173.34%，增加绝对额为 1753m^3。

类型 2：2004 年总面积为 194hm^2，2014 年为 144hm^2。2014 年的郁闭面积是 2004 年的 170.03%，提高了 70.03%，绝对值增加了 43hm^2，郁闭面积的增加是森林面积与郁闭度共同影响的结果，其中由于面积变动，导致 2014 年郁闭面积相对于 2004 年上升了 51.13%，上升的绝对额为 31hm^2，由于郁闭度变动，使 2014 年郁闭面积为 2004 年的 112.51%，增加的绝对额为 12hm^2。

对百花村的森林产出综合指数计算方法为：以类型 1 和类型 2 的面积为权重，对两种类型指数进行加权，计算结果为 96.44%，即 2014 年高源村森林产品供给能力为 2004 年的 96.44%，下降了 3.56%。

5.3.3.2 森林生态服务供给评价

2004 年和 2014 年百花村森林总面积为 879hm^2 和 652hm^2，减去其中的建筑用地和农田，将林种与林龄做交叉表，得到不同林种-林龄面积统计结果（表 5.23）。

表 5.23 2004 年与 2014 年百花村森林林种-林龄面积统计结果 （单位：hm^2）

年份	林种	幼龄林	中龄林	近熟林	成熟林	其他	总计
2004	防护林	102			34.5		136.5
	经济林	178.5					178.5
	用材林	12	536	12	4.5		564
	合计	292.5	536	12	39		879
2014	防护林	12.9			129.7		142.6
	经济林	36	21				57
	用材林	46.1	116	92.8	146.7		401.9
	合计	95	137	92.8	276.4		601.5

根据指标体系计算要求，对上述数据进行计算，整理得到森林恢复生态供给能力评估计算结果（表 5.24）。

表 5.24 百花村森林生态服务供给能力评估计算结果

年份	森林总面积/hm^2	防护林占比/%	稳定生态供给面积占比/%	未受灾森林占比/%
2004	879	15.53	25.27	100.00
2014	602	23.71	90.95	100.00

以 2004 年为基期、2014 年为报告期，对百花村的森林生态服务供给能力评价结果如表 5.25 所示。

表 5.25　百花村森林生态服务供给能力评价结果

影响类型	总影响	总面积影响	防护林占比影响	稳定生态供给面积占比影响	未受灾森林占比影响
相对数/%	375.94	68.43	152.67	359.86	100.00
绝对数/hm^2	95	–11	12	94	0

百花村报告期森林总面积为 602hm^2，比基期的 879hm^2 下降了 278hm^2，由于森林总面积的下降导致森林生态服务供给能力下降 31.57%，稳定供给森林生态服务的森林面积少了 11hm^2；报告期防护林面积占比为 23.71%，与基期占比 15.53%相比增加了 8.18%，由于防护林面积占比的上升，导致森林生态服务供给能力上升 52.67%，稳定供给森林生态服务的森林面积多了 12hm^2；报告期稳定生态供给森林面积占比为 90.95%，比基期的 25.27%提高了 65.68%，由于本项指标的提高导致稳定供给森林生态服务的森林面积增加了 259.86%，促使稳定生态供给面积增加 95hm^2。由于报告期与基期，未受灾森林面积没有发生变动，影响的相对数与绝对数分别为 100%和 0。

在以上各因素的共同作用下，百花村报告期的森林生态服务供给能力与基期相比增加了 275.94%，稳定供给森林生态服务的森林面积增加 95hm^2。

5.3.3.3　森林社会经济影响评价

百花村在 2007 年由三个村合并而成，全村 1173 户，常住人口 4200 人左右。2018 年农民人均可支配收入 13 000 元，70%为非农收入。林地面积 513.33 余公顷，主要以人工和天然混交为主，以阔叶树为主。林木近年来已经不开展采伐。森林覆盖率 65%。

森林恢复对当地的社会经济影响主要通过影响就业、收入等途径。通过对对象指标林业收入，因素指标劳动力数量、林业就业人数占比、平均林业收入构成的指数体系进行分析，开展森林恢复社会经济评价的影响研究。

通过对当地的社会经济情况开展调查，得到百花村的社会经济情况，如表 5.26 所示。其中，人均林业实际收入指标由人均林业名义收入指标除以 2004～2014 年的农村居民定基 CPI（以 2004 年为 100）得到。

表 5.26　百花村林业收入指标

年份	劳动力数量/人	林业就业人数占比/%	人均林业名义收入/元	人均林业实际收入/元
2004	2700	5.00	30	30
2014	2700	3.00	200	147

数据来源：实地调查。

以 2004 年为基期、2014 年为报告期，百花村的森林恢复社会经济评价结果见表 5.27。

表 5.27 百花村森林恢复社会经济评价结果（一）

影响类型	总影响	劳动力数量影响	林业就业人数占比影响	人均林业实际收入影响
相对数/%	293.05	100.00	60.00	390
绝对数/元	7819	0	−1620	9439

百花村 2014 年相对 2004 年由于森林变化对当地林业收入的影响程度为 293.05%，即 2014 年村林业总收入相对于 2004 年提高了 193.05%，提高了 7819 元。以上变动是劳动力数量、林业就业人数占比和人均林业（实际）收入共同影响的结果。其中，2014 年与 2004 年，当地劳动力总数量持平。2014 年林业就业人数为 3%，比 2004 年下降了 2%，导致村林业总收入减少 1620 元。人均林业实际收入从 2004 年的 30 元提高到 2014 年的 147 元，提高了 390%，使人均林业收入提高了 9439 元。可见，三个因素中最重要的影响因素为人均林业实际收入的提高。林业就业人数在当地就业中的占比下降，对村林业总收入是负面影响。

把以上分析过程重新进行整理，利用林业就业人数与人均林业实际收入进行分析，得到结果如表 5.28 所示。

表 5.28 百花村森林恢复社会经济评价结果（二）

影响类型	总影响	林业就业人数影响	人均林业实际收入影响
相对数/%	293.05	60.00	390
绝对数/元	7819	−1620	9439

由表 5.28 可知，林业就业人数占比下降，导致林业就业人口下降，使村林业总收入减少了 1620 元。

5.4 本章小结

本章主要利用森林资源清查数据和村级统计资料，构建了社区水平的森林恢复水平评价指标，分别从森林产品供给能力、森林生态服务供给能力和森林社会经济影响三个方面分析了案例点森林恢复水平，案例点的分析结果汇总如表 5.29 所示。

表 5.29 研究社区森林恢复评价指数汇总 （单位：%）

类型	高源村	昔口村	酉华林场	百花村
森林产品供给能力	144.39	208.15	102.20	96.44
森林生态服务供给能力	126.10	143.99	189.21	375.94
森林社会经济影响	238.33	341.14	141.67	293.05

由表可见，4 个案例点的森林均得到较大程度的恢复。在森林产品供给能力方面，昔口村提高最多，报告期水平是基期水平的 208.15%，提高了 108.15%。百花村报告期水平略低于基期水平，降低了 3.56%，是本次评价的 4 个村中唯一出现恢复的指标，这可能与保护地的设立使得森林产品供给严重受限有关。生态服务供给能力方面，4 个村均大于 100%，即报告期水平均高于基期水平，百花村的森林生态服务供给能力提升最大，报告期水平为基期水平的 375.94%，提升了 275.94%，这与当地划为鸟类栖息保护地有很大关系，严格的生态保护标准使得生态系统服务功能迅速提升。森林恢复对当地社会经济影响方面，从高到低依次是：昔口村为 341.14%，百花村 293.05%，高源村 238.33%，西华林场 141.67%。

6　基于利益相关者理论的森林恢复模式选择和认知分析

6.1　案例点森林恢复的模式选择及原因分析

6.1.1　用材林大径材培育经营示范：昔口村

杉木萌芽前期生长快，后期退化也快，难以持续。林农注重经济效益，会进行大面积的砍伐，易造成森林的退化。考虑到当地的环境与经济效益，按照适地适树和生物互利共生原则，选择当地适生的常绿树种、珍贵树种进行补植，形成混交林，改善林分结构、恢复生物多样性。杉木林短期效益和阔叶树长期效益相结合，林农能够接受，待 15～20 年后杉木达到采伐期，阔叶树也已经成林，能够实现森林的可持续经营。

昔口村杉木人工林恢复示范项目自 2017 年启动以来，除项目初始投资以外，在 2018 年间，农户户均种苗、农资和劳动力生产投入合计 29 700 元，其中，劳动力投入最多、比重最大，这也符合林业经营的劳动力密集型的特点（图 6.1）。效益方面，项目启动以来，林地补贴被项目补贴所替代，增长幅度为 521%，营林收入基本和原来保持不变，项目大大增加了农户收入，具有良好的经济效益。同时，劳动力投入共计 1334 个工日，具有良好的社会效益。此外，该案例点森林覆盖率从 87%上升到 89%，也具有良好的生态效益（图 6.2）。

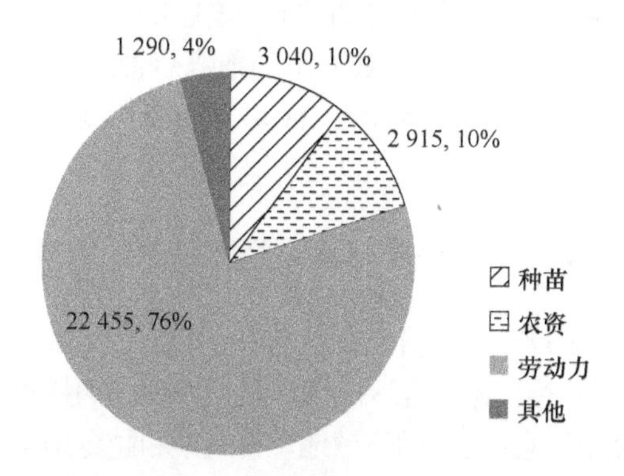

图 6.1　昔口村案例点 2018 年投入结构（单位：元/户）

数据来源：实地调查

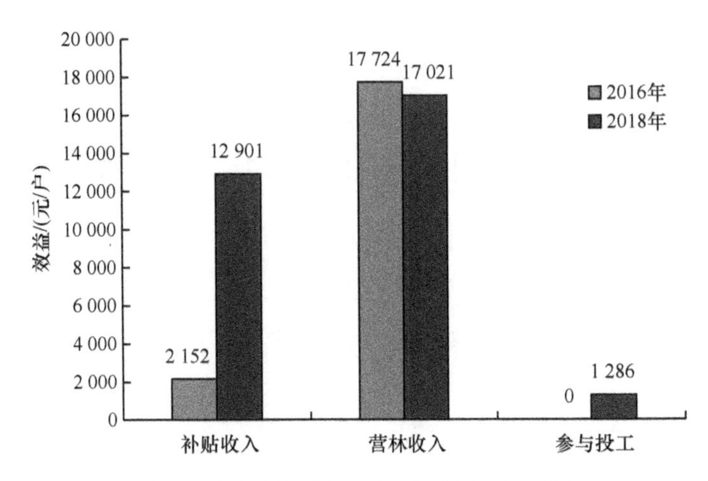

图 6.2 昔口村案例点 2016 年和 2018 年效益

考虑通货膨胀，计算 CPI：2018 年为 103.7（2016 年为 100），图 6.4 和图 6.2 相同。
数据来源：实地调查

6.1.2 经济林更新造林经营示范：高源村

高源村地势较高，山坡较陡，且石质山林地大多为石灰岩母质分化的土壤，该林分存在立地类型差，土层较薄，岩石裸露较多，森林植被退化、多代萌生退化、生长密度不均、生产力下降等诸多问题，树木难以存活。木榧是当地树种，能良好地适应环境，在木榧上嫁接香榧便于存活，且香榧有较高的经济价值，对当地林农的收入增长有很大裨益。该种森林恢复模式兼顾当地生态和经济效益。该项目采用合作社经营的模式。

自 2017 年在高源村于开展香榧林种植恢复示范项目以来，参与项目的农户积极投入。其中，2018 年农户户均种苗投入达 5734 元，户均劳动力投入达 11 622 元，然而农户投入最多的其他投入——林道，占总投入的 42%，这与当地地势陡峭有很大的关系（图 6.3）。效益方面，项目的建立给当地农户带来的补贴收入是之前营林收入的 3.8 倍，农户户均香榧经营收入也从 38 623 元增长到 42 520 元，产生了良好的经济效益，同时吸纳 436 个投工的劳动力就业，创造了社会价值（图 6.4）。

6.1.3 森林公园及动物栖息地保护与建设经营示范：百花村

百花村气候温和，雨量充沛，日照充足，四季分明，无霜期长，适宜多种植物生长。同时，百花村处于华南区与东北区之间，是多种留鸟的栖息地，也是包括国际候鸟在内的多种候鸟南北迁徙路线上的停歇地、繁殖地和越冬地。近年来，百花村大力进行村庄改造，积极建设文化休闲广场，全面打造以“莲峰云海”为主题的魅力旅游乡村。当地群众有爱鸟、护鸟意识，生态环境良好，适宜多种林鸟和水鸟栖息繁育。

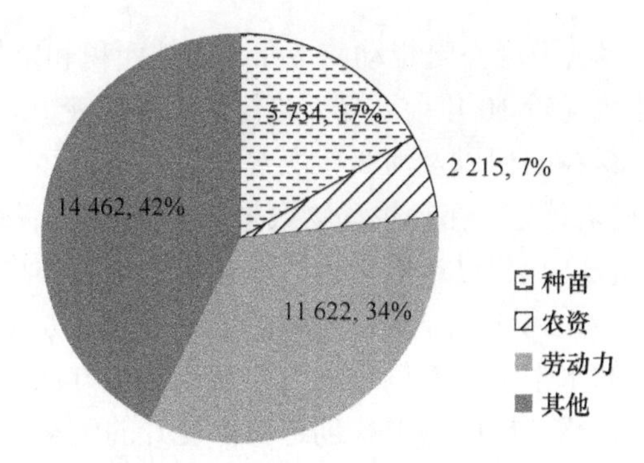

图 6.3　高源村案例点 2018 年投入结构（单位：元/户）

数据来源：实地调查

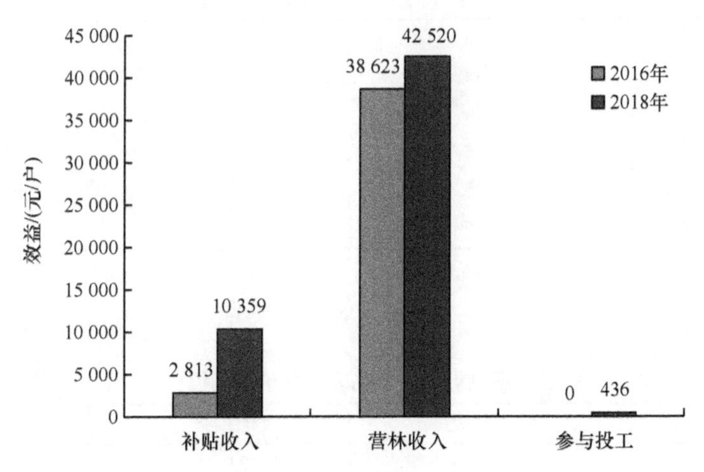

图 6.4　高源村案例点 2016 年和 2018 年效益

数据来源：实地调查

选择建立鸟类栖息地保护区具有重要的现实意义，可以保护、优化和扩展现有鸟类繁育地，营造适合鸟类繁育的杉木林、水杉林和池杉林；加强水利设施建设，优化百花村水系，拓展湿地面积，确保水系湿地在干旱时节不干涸；在不影响鸟类正常繁育的前提下，对现有的观鸟台进行加固改造，确保观鸟人士的观鸟安全并提升观鸟体验，更好地发展当地的旅游事业。

6.2　案例点森林恢复利益相关者的认知分析

6.2.1　基于村和农户层面

6.2.1.1　促进了自然生态环境总体趋势好转

由表 6.1、表 6.2 的村级调查数据显示，案例点森林恢复模式促进了自然生态环境总体趋势好转，突出表现在野生动物数量、森林面积和空气质量方面。其中，昔口村森林资源总体状况较 10 年前要好，整体生态环境变好，具体表现在野生动物数量、空气质量、森林面积以及河水状况等方面评分较高。高源村森林资源总体状况在 10 年间也越来越好，在野生动物数量、空气质量、森林面积情况等自然生态方面的评价得分较高，超过一般水平。百花村的森林病虫害问题比较严重，但近 10 年来，野生动物数量增加，河水更加丰盈，空气愈加清新，森林面积和自然灾害都控制在良好的水平上。案例点通过科学的管理方法促进了林地利用方式的改变，并通过建立自然保护区等形式创造出了良好的生态效益。

表 6.1　案例点自然生态方面评价得分　　（单位：分）

指标	昔口村	高源村	百花村
野生动物数量	5	4	5
河水情况	4	2	5
森林面积情况	4	4	3
森林病虫害情况	5	2	1
空气质量情况	5	4	4
自然灾害情况	5	2	3

注：得分根据受访者农户调查打分所得，分值为 1～5 分，分值越高表示状况越好，表 6.2～表 6.4 评分标准与表 6.1 相同。

数据来源：实地调查。

表 6.2　案例点自然生态方面评价平均得分　　（单位：分）

指标	昔口村	高源村	百花村
野生动物数量	3.76	3.94	4.13
河水情况	3.93	3.81	3.81
森林面积情况	3.66	3.65	4.06
森林病虫害情况	3.69	3.45	2.65
空气质量情况	3.97	3.94	3.84
自然灾害情况	3.83	3.61	3.65

数据来源：实地调查。

农户调查数据也同样显示案例点森林资源变好、生态环境好转的趋势。昔口村 79.3%的农户认为本村森林资源总体状况比 10 年前要好，其中，环保意识提高和地方林地利用政策变化是森林资源状况变好的两大主要原因，分别占比 30.43%和 26.09%。对自然生态环境各方面的评价都表现出森林资源总体状况发展的良好态势，也显示了农户继续森林改造恢复的意愿。高源村 80.65%（25 人）的农户认为本村森林资源总体状况变好了，其中对空气质量和野生动物数量总体状况变好有深刻的感受。调查数据还显示，36%的农户认为森林资源状况变好的原因是经营方式的转变。百花村农户调查数据显示，环保意识提高和科学经营是森林资源状况变好的两大主要原因。森林面积增加和野生动物数量的增长是这一地区生态环境改善的主要表现。

6.2.1.2　实现了森林恢复和社区社会经济的协调发展

由表 6.3、表 6.4 的村级调查数据显示，案例点森林恢复对社区社会经济发展具有良好的经济效益。昔口村森林恢复项目的设立对当地基础设施变化情况、家庭生活水平情况、家庭收入情况、家庭消费情况等方面的改善有积极的促进作用。同样，森林恢复项目在高源村也起到了类似的作用，对当地社区的建设有一定的贡献。百花村的村级数据显示，该村社会经济方面如当地基础设施变化情况、家庭生活水平情况、家庭收入情况、家庭消费情况等都得到了较好的改善，森林资源总体状况变好对当地的社会经济方面发挥了重要的作用，使森林恢复和社区经济发展并行不悖。

表 6.3　案例点社会经济方面评价得分　（单位：分）

指标	昔口村	高源村	百花村
当地基础设施变化情况	4	2	5
家庭生活水平情况	5	5	4
家庭收入情况	5	5	4
家庭消费情况	5	4	4
村里文化活动情况	5	3	4
村里垃圾整治情况	5	3	3
经营施放农药化肥情况	5	4	4
经营种苗投入情况	5	4	3
经营投入劳动力情况	4	4	2
采用林业新技术情况	5	4	3
采用生态经营情况	5	5	4
当前重视环境情况	3	4	3

数据来源：实地调查。

昔口村农户调查数据显示，在社会经济方面的具体得分评价中，各项平均得分较高，在基础设施和个人生活方面都显示了较高的评价，表明森林恢复项目对农户生活产生了良好的社会经济影响。高源村农户调查数据显示，80.65%（25 人）的农户认为本村森林资源总体状况变好了，在农户对社会经济方面的具体评价中，评价分数在 3.23～4.13 区间内，各项指标平均分均超过一般水平，尤其在对家庭生活的评价中给出了较高的分数，说明农户对于森林恢复项目对农户生活积极的影响给出了较高的评价。百花村村民在对社会经济方面的具体评价中，各项评价的平均分都较高，尤其是当地基础设施水平、家庭收入、消费等生活水平分数较高，说明农户十分认可森林恢复项目对当地的社会经济产生了良好的效应，且农户对社会生活方面所产生的积极影响有深刻的感受。森林恢复项目的建设对案例点基础设施建设发挥了积极的作用，是生态效益和经济效益综合体现。

表 6.4　案例点社会经济方面评价平均得分　　（单位：分）

指标	昔口村	高源村	百花村
当地基础设施变化情况	4.28	3.35	4.32
家庭生活水平情况	4.10	4.13	3.97
家庭收入情况	3.97	4.10	3.94
家庭消费情况	3.97	3.87	4.03
村里文化活动情况	4.14	3.23	3.77
村里垃圾整治情况	4.38	3.39	4.10
经营施放农药化肥情况	3.45	3.39	3.61
经营种苗投入情况	3.07	4.06	3.32
经营投入劳动力情况	3.17	3.68	3.06
采用林业新技术情况	3.28	3.39	3.16
采用生态经营情况	3.97	4.03	4.13
当前重视环境情况	3.03	3.52	3.29

数据来源：实地调查。

6.2.2　基于政府人员和专家层面

从表 6.5 的政府人员和专家对项目的评价打分可以看出，森林恢复项目一方面促进了当地的自然生态环境改善，另一方面也对社区社会经济发展发挥着积极的作用。具体来说，100%的政府人员认为，森林恢复项目在野生动物数量增加、河水情况好转、森林面积增加和空气质量变好等自然生态方面发挥着较为突出的积极作用，当地生态环境的改善是项目发展的第一个红利。除此之外，项目的实施也带动了当地基础设施的建设、农户家庭生活水平的提升、生活环境的改善甚至生产经营方式的改变，这些社会经济效益是森林恢复项目带来的第二个红利。

专家的评价打分结果基本和政府人员无出其二，数据显示，当地森林面积和生物多样性方面有明显的改善，但森林质量和林分结构方面基本没有变化。另外，生态环境改善和基础设施完善是项目最突出的社会经济影响，项目对家庭收入和就业情况的影响还有较大提升的空间。

表 6.5 政府人员和专家对项目的评价平均得分 （单位：分）

指标	政府人员	指标	专家
野生动物数量	4.2	森林面积	1.4
河水情况	3.96		
森林面积情况	4.24	森林质量	1.8
森林病虫害情况	3.56		
空气质量情况	4.48	生物多样性	1.6
自然灾害情况	4.08		
当地基础设施变化情况	4.36	林分结构	1.9
家庭生活水平情况	4.28		
家庭收入情况	4.24	家庭收入变化	1.4
家庭消费情况	4.28		
村里文化活动情况	4.36	就业变化	1.4
村里垃圾整治情况	4.56		
经营施放农药化肥情况	3.72		
经营种苗投入情况	3.76	生态环境变化	1.1
经营投入劳动力情况	3.72		
采用林业新技术情况	4.16		
采用生态经营情况	4.36	基础设施变化	1.2
当前重视环境情况	3.48		

注：得分根据受访的政府人员和专家打分所得，分值为 1～5 分，分值越高表示状况越好。
数据来源：实地调查。

6.3 本章小结

林地的退化类型和程度不同、恢复模式选择不同，其人为干预的强度和投入也不同。本森林恢复项目的调研点根据森林退化情况，因地制宜，形成了以下不同的减缓森林退化模式：临安昔口村的“杉木人工林恢复示范”；临安高源村的“香榧林种植恢复示范”；青阳县百花村的“病虫害马尾松感染林阔叶化改造示范”和“鸟类栖息地保护与建设示范”。

通过对项目区森林恢复利益相关者的认知进行分析，社区调查数据显示，案例点森林恢复模式促进了自然生态环境总体趋势好转，突出表现在野生动物数量、森林面积和空气质量方面，且对村社会经济发展具有良好的经济效益。农户调查数据也同样显示案例点森林资源变好、生态环境好转的趋势。在社会经济方面的具体得分评价中，各项平均得分较高，表明森林恢复项目对农户生活产生了良好的社会经济影响。从政府人员和专家对项目的评价打分可以看出，森林恢复项目一方面促进了当地的自然生态环境改善，另一方面也对当地社会经济发展发挥着积极的作用。

7 推进森林恢复的策略研究

7.1 森林恢复的技术流程与一般模式

7.1.1 森林恢复的技术流程

图 7.1 为社区层面森林恢复技术流程设计。对于社区层面森林恢复而言，首先要对社区森林进行退化诊断，评价森林是否处于退化阶段且是否需要进行恢复。指标评价体系主要从森林产品供给能力、森林生态服务供给能力和森林社会经济影响三个方面来进行。收集基期与报告期案例点面上数据，包括森林资源清查数据和社会经济数据，其中森林资源清查数据包括森林面积、森林覆盖率、单位面积蓄积、单位面积年生长量、森林郁闭度和生态林面积占比等，社会经济数据包括森林受灾面积、当地劳动力数量、林业就业人数占比和平均林业收入等；以林种-林龄为评价单元，利用综合指数法计算基于社区水平的森林退化的评价指数。主要程序包括：①收集基期与报告期案例点面上数据，包括社会经济数据、森林资源数据等；②建立指数体系；③根据指数体系分别计算森林退化（恢复）的影响相对数与绝对数；④比较不同时间点的森林退化评价结果，对森林退化与恢复情况进行研究。评价指数小于 100 的社区森林，即森林出现退化，需要进行恢复。

森林恢复要根据森林退化原因采取不同的恢复策略，对因土地石漠化、森林病虫害和森林火灾等自然原因导致的森林退化，主要通过自然恢复的方式，让森林通过次生林恢复实现自我迹地更新；对于因社会经济因素引起的森林退化，主要通过人工恢复的方式实现森林恢复。人工恢复主要有两类行为：一类是保护地建设，主要是通过建立国家公园、森林公园和自然保护区等限制对森林的采伐利用，实现森林恢复；另一类是森林经营管理，主要是通过人工大径材培育、林分改造和经济林种植等方式推动森林资源的可持续经营，实现森林恢复。人工恢复措施在创造森林恢复的良好环境基础上，也依托森林自身的自然恢复作用，进一步加强森林恢复的程度，实现自然恢复与人工恢复的链接和交互。

7.1.2 森林恢复的一般模式

森林恢复是一个投资大、耗时长的工程，森林恢复模式决定了生态系统服务水平的高低，因而森林恢复方式的选择至关重要，合理的森林恢复模式能够改善

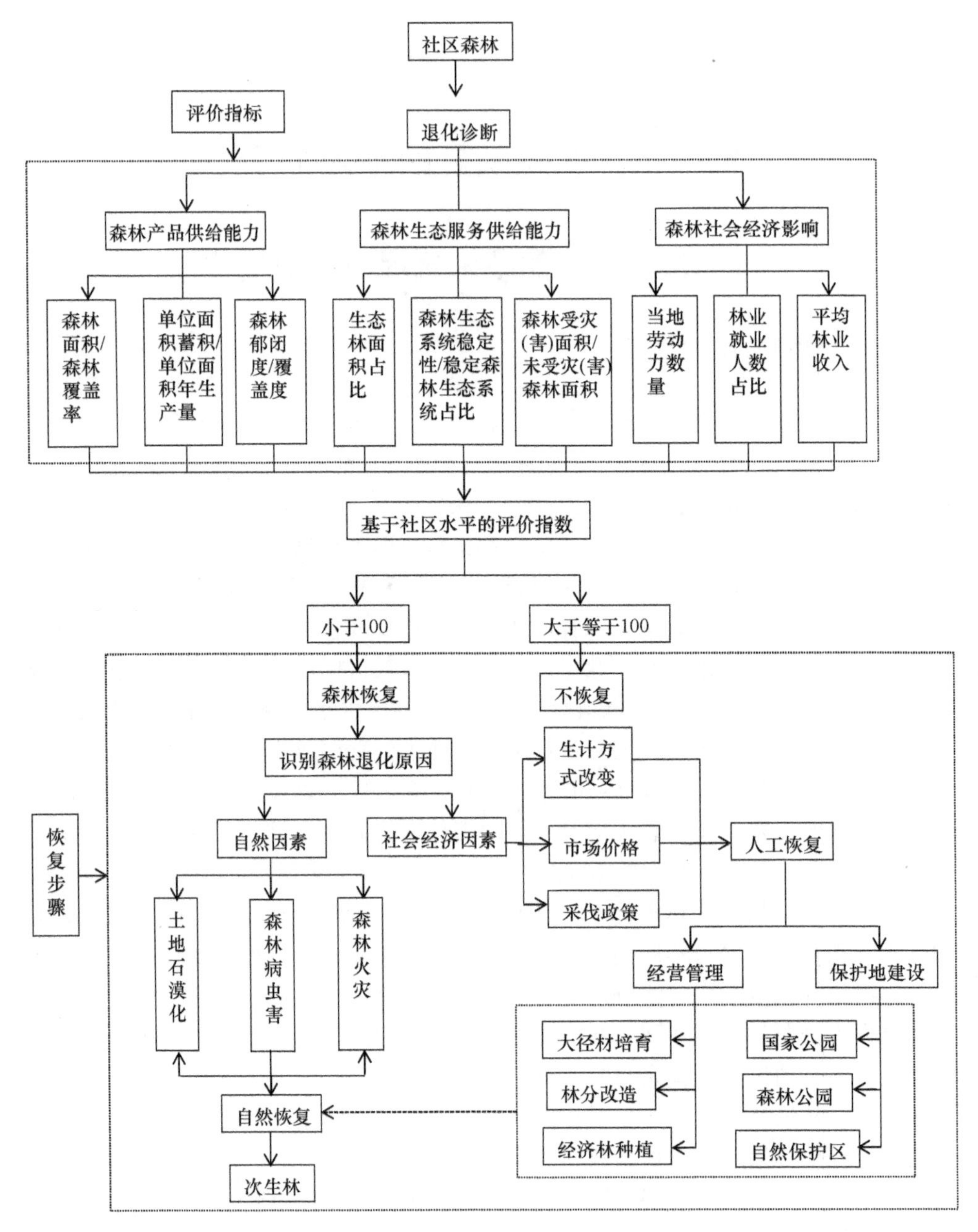

图 7.1 社区层面森林恢复技术流程图

当地环境，进而提高生态系统服务功能。森林恢复的模式选择有多种，常见的几种森林恢复模式如下。

1）自然恢复经营示范

依靠自然演替来恢复已退化的生态系统。封山育林是自然恢复的典型方法。封闭森林使该地区不受人类活动的影响，同时防止火灾及杂草入侵，就能加强自然更新。这种方法有以下优点：可以缩短实现森林覆盖所需的时间，保护珍稀物种和增加森林的稳定性，投资小、效益高。

2）用材林大径材培育经营示范

开展用材林大径材培育经营示范的目的是推广大径材的定向培育技术，适量补植珍贵适生的阔叶树种（浙江楠、檫木等），形成以大径材为主，檫木、浙江楠等阔叶树为辅的针阔混交复层林。预期通过示范项目的实施，对此林分进行适当的采伐、补植及合适的抚育管理，使该林分能产生较大的经济效益。生态效益方面，针阔混交林模式初步形成，能够明显增加丘陵岗地的土壤有机碳含量，在增加土层厚度、保持水土、防止土壤退化、增加生物多样性、涵养水源等方面效果更明显。

3）经济林更新造林经营示范

通过补植经济树种来实现提升林分质量，以及木材生产与生态效益相结合的森林多功能目标，如在石质山地种植木榧嫁接香榧。通过开展经济林更新造林经营示范活动，提高森林资源质量、增加林农收入，同时开展技术培训，提高林业管理和林农林业经营的技术水平及能力，包括经济林树种技术培育等。预期通过对林分进行适当的采伐及合适的抚育管理，使该林分产生较大的经济效益，主要表现在经济林的收益。生态效益主要表现在保持水土、涵养水源等方面。

4）森林公园及动物栖息地保护与建设经营示范

建立森林公园，除保护森林景色自然特征外，还需根据造园要求适当加以整顿布置。公园内的森林，只采用抚育采伐和林分改造等措施，不进行主伐。森林公园应具有建筑、疗养、林木经营等多种功能，以保护为前提，利用森林的多种功能为人们提供各种形式的旅游服务，通过开展森林旅游与休闲，带动当地经济的发展和促进农户就业。

通过当地优越的自然环境条件和当地村民保护自然的风俗，保护动物繁育地，开展野生动物资源调查和研究，切实维护我国野生动物资源，实现野生动物资源的永续利用，在不影响野生动物正常繁育的前提下，对现有的观赏台进行加固改造，做好野生动物生态学的研究等，为环境生态的维护提供依据。

7.2 案例点对森林恢复项目的需求分析：基于农户和政府层面

根据临安和青阳两个案例点的政府工作人员及农户的调查数据显示，在项目开展之初，项目面临种植技术缺乏、资金缺乏和劳动力缺乏等问题，且林业栽培技术的掌握程度较一般。调查数据显示，调查的农户中，40.38%的农户认为对本项目开展仍然存在困难；在调查的政府工作人员专家中，80%的政府工作人员和100%的专家均认为本项目开展存在着包括资金、劳动力和技术等生产要素方面的需求。具体需求如表 7.1、表 7.2 所示。

表 7.1 农户对项目开展的需求 （单位：%）

	资金	劳动力	技术	基础设施	政府政策	其他
昔口村	69.23	23.08	38.46	15.38	0	7.69
高源村	35.29	52.94	35.29	23.53	0	5.88
百花村	50.00	0	0	0	33.3	16.67
西华林场	100.00	16.67	0	0	0	16.67

注：表中数字代表认为项目各项需求的农户占比。
数据来源：实地调查。

表 7.2 政府工作人员及专家对项目开展需求 （单位：%）

	资金	劳动力	技术	基础设施	政府政策	其他
政府人员	75.00	10.00	75.00	60.00	10.00	0
专家	100.00	30.00	90.00	80.00	40.00	0

注：表中数字代表认为项目各项需求的政府工作人员和专家占比。
数据来源：实地调查。

1）由于要素成本上升带来的资金需求

从调查数据来看，项目最大的需求之一是资金。调查数据显示，昔口村69.23%（9 人）的农户、高源村 35.29%（6 人）的农户、百花村 50.00%（3 人）的农户、西华林场 100%（6 人）的农户，以及 75.00%（15 人）的政府人员和100.00%（10 人）的专家均认为目前项目开展困难，需要资金上的扶持。项目实施过程中配套资金较少且不连续，加之近年来劳动力成本上升，导致人工抚育成本增加，资金补助难以弥补巨大的缺口，资金困难导致了项目开展难以为继，在项目的后续经营管理上，需要社区、区级等层面加大对项目的资金补助，加强对项目的资金政策倾斜。

2）由于山区劳动力大量转移带来的劳动力需求

从调查数据来看，劳动力需求是项目的第二大需求。调查数据显示，昔口村 23.08%（3 人）的农户、高源村 52.94%（9 人）的农户、西华林场 16.67%（1 人）的农户，以及 10.00%（2 人）的政府人员和 30.00%（3 人）的专家认为项目开展存在劳动力不足的问题。农村劳动力近年来多向城市转移，参加第二产业工作，劳动力的外流导致案例点内投工不足，且劳工的老龄化现象十分明显，需要相关部门实施积极的劳动政策，提升劳动待遇，吸引劳动力参与项目投工。

3）追求高经济价值新产品所带来的种植技术需求

从调查数据来看，技术需求是项目面临的第三大需求。有 75.00%（15 人）的政府人员和 90.00%（9 人）的专家认为项目开展种植技术方面的培训也十分迫切。农户调查显示，农户接受技术培训的人数过少，昔口村 52.00%（19 人）的农户未接受营林方面的技术培训，只有 34.48%（10 人）的农户接受了营林技术培训；农户数据还显示，技术培训内容十分单一，如高源村 80.65%（25 人）的农户虽然接受了技术培训，但仅仅涉及普通的栽培技术培训，几乎没有其他方面的技术培训，培训方式绝大多数都是集中上课（88.00%）。除基本的栽培技术外，还有抚育管理技术、生态种植技术和其他方面的技术等，这些都需要项目给予一定的技术支持和帮助。项目发展需要多种技术，农户的知识水平普遍不高，都靠经验来进行种植与抚育，对于高经济价值的产品尤其是新产品了解程度十分少，如何使得农户更了解新产品种植技术，这就要求相关部门促进培训方式的多样化，同时要丰富培训技术的内容，涉足除栽培以外的其他技术。

4）由于自然资源禀赋条件造成的基础设施需求

基础设施需求是项目开展的又一大需求。调查显示，60.00%（12 人）的政府人员和 80.00%（8 人）的专家认为目前还需要加强案例点的基础设施建设。昔口村 15.38%（2 人）、高源村 23.53%（4 人）的农户认为案例点目前基础设施，尤其是道路还需完善，交通不便给森林的日常管理造成困难。目前在近村区以及有经济采伐的区域林道建设较好，在未进行经济采伐的高山陡峭区域的林道建设还需完善。高源村地处山区，道路交通不便，公路建设滞后，严重影响项目的发展，需要相关部门加强公路等基础设施建设，修建社区公路，促进道路联通，打破村与项目之间的物理壁垒，同时基础道路交通的建设也要相关部门加大财政资金支持，项目方和相关政府部门都要积极支持项目道路建设。

5）对项目实施和监管的政策需求

政府政策的实施和监管是案例点政府人员、专家以及农户的又一大需求。调查显示，百花村 33.33%（2 人）的农户，以及 10.00%（2 人）的政府人员和 40.00%（4 人）的专家认为目前还需要政府的政策支持。政府的政策支持在森林恢复改造过程中发挥着巨大的作用，制定合理的政策法规并加强政策落实及政府监管，有利于促进项目的进一步落实。政策落实到位、政府监管得当的地区，项目普及度及认知率高，并且能获得较高的满意程度。目前案例点还存在着监管方面的困难，需要相关部门加强监管，及时出台有效的政策支持案例点的发展。

7.3 推进社区森林恢复的策略

1）统一规划项目，依托布局开展

对区域范围内恢复项目进行统一的规划，合理制定前期规划，综合协调案例点内外部因素及其相互作用，对当地情况、发展历史、适宜树种等进行全面的评估，进而寻求一种当地综合效益最佳的发展模式。需要充分重视规划设计的必要性，目前案例点发展过程中部分项目还没有开展，仍停留在纸面上，是由于前期未进行有效的规划，应合理安排恢复项目面积、时间段、树种、密度及不同树种配置，注重长远规划。恢复工作将是长期的，且将耗费大量人力、物力，需要工程项目的支持，建议尽快启动相关项目，并实施质量监督和严格验收。

2）建立区域层面的森林退化和恢复评估机制

科学运用理论进行系统地分析，同时广泛开展研究与交流，充分利用国内外科技资源和人才资源，研究制定森林退化和恢复评估标准，对案例点评估验收的标准进行统一制度管理，包括退化和恢复的指标选取、测度方式、验收人员、验收时间等，对评估机制做出明确的规定，有利于正确评价森林退化或恢复的情况，更好地“对症下药”。

森林退化和修复的评估机制，首先对森林进行退化诊断，评价森林是否处于退化阶段、是否需要进行恢复。指标评价体系主要从森林产品供给能力、森林生态服务供给能力和森林社会经济影响三个方面来进行（图 7.1）。组织成立专门从事林业工作的验收人员小组，采用遥感等技术，结合森林资源二类调查数据与统计资料，每隔 5 年进行一次大规模评估，评估森林的退化或恢复情况。

3）衔接金融机构，引进社会资金

目前资金问题是案例点最大的问题，仅依托项目资金不足以支持项目的持续运行。政府需加强相关金融立法，促进案例点与当地金融机构合作，与当地社会资本进行有机衔接，为案例点进行有效金融融资。结合产业布局，科学合理做好案例点规划，形成对社会主体的吸引力，确保社会资金能够“引得来”；同时构建产业融合发展机制，保障社会主体的经营可持续性，不仅“引得来”，也能“留得下”，确保案例点拥有持续不断的发展后劲。

4）加快林权流转，促进规模化经营

促进林权流转，盘活资源使用。散户参与的模式不便于项目的统一规划与统一管理，鼓励案例点内林地流转，由村集体或外包统一派人经营管理。分散的经营不能实行统一的管理和验收标准，规模化经营管理有助于资源的合理配置与效率的提高，由统一的专业人士管护也利于森林恢复的推进。

5）解决项目开展的组织机制问题

注重协调好资源保护和当地经济发展之间的关系。一方面，对森林资源实行保护；另一方面，要为当地居民留出合理的生存发展空间。政府应加强引导，协调好农户与案例点的关系，促进两者的连接，根据目前案例点与周边农户关系管理的状况和水平，构建项目开展组织机构，推广“农户+林场+龙头企业”或“农户+村+合作社”的经营模式；解决项目开展的组织机制问题，更好地促进森林恢复项目的开展，兼顾群众实际需求和生态保护协调发展。

6）加强农旅结合，促进产业延伸

森林的旅游资源丰富，建议在森林恢复与景观恢复改造的基础上，打造自然景色、人文景观、民风民俗三位一体的生态旅游发展模式。由国家林业与草原局牵头，与国家自然资源部、国家民政部、国家卫生健康委员会、国家中医药管理局等多部委开展多方联合，将案例点恢复工作与乡村旅游、森林康养产业结合，带动当地经济的发展，将“绿水青山”转变为“金山银山”，反过来促进农户对森林进行保护。保证当地居民优先参与权，吸引更多的居民参与，拓展农户更广泛的就业途径，使森林保护与当地经济发展两者兼得。

参 考 文 献

包维楷, 陈庆恒. 1999. 生态系统退化的过程及其特点[J]. 生态学杂志, (2): 37-43.
岑慧贤, 王树功. 1999. 生态恢复与重建[J]. 环境科学进展, (6): 110-115.
邓荣荣, 詹晶. 2012. 南北贸易对发展中国家森林退化影响的实证分析[J]. 南华大学学报(社会科学版), 13(6): 39-43.
高军, 贾志文, 刘艳华, 等. 2003. 乌拉特中旗退耕还林工程试点阶段性社会经济效益评价[J]. 内蒙古林业调查设计, (1): 20-22.
耿言虎. 2014. 从生活世界到自然资源: “人—自然”关系演变视角下的森林退化——基于云南M县田野调查[J]. 中国农业大学学报(社会科学版), 31(1): 70-78.
何有世, 徐文芹. 2003. 因子分析法在工业企业经济效益综合评价中的应用[J]. 数理统计与管理, 22(1): 19-22.
何正盛. 2003. 退化森林生态系统恢复与重建的基本理论及其应用[J]. 重庆教育学院学报, (3): 59-62.
李晓屏, 张伟. 2000. 浅析退耕还林对西宁市城区大气环境质量的改善与效益分析[J]. 青海环境, (3): 122-124.
李洋, 王辉. 2004. 利益相关者理论的动态发展与启示[J]. 现代财经, (7): 32-35.
刘国华, 傅伯杰, 陈利顶, 等. 2000. 中国生态退化的主要类型、特征及分布[J]. 生态学报, (1): 14-20.
龙贺兴, 时卫平, 刘金龙. 2018. 中国森林破碎化及其化解研究综述及展望[J]. 世界林业研究, 31(1): 69-74.
罗海波, 钱晓刚, 刘方, 等. 2003. 喀斯特山区退耕还林(草)保持水土生态效益研究[J]. 水土保持学报, (4): 31-34, 41.
罗龙海, 胡庭兴, 万雪琴. 2006. 天全县几种退耕还林类型林地土壤理化性质年际动态变化研究[J]. 浙江林业科技, (1): 18-22.
梅安新. 2001. 遥感导论[M]. 北京: 高等教育出版社.
潘宏阳, 叶建仁, 吴小芹. 2009. 中国松材线虫病空间分布格局[J]. 生态学报, 29(8): 4325-4331.
潘磊, 史玉虎, 熊艳平, 等. 2006. 秭归县退耕还林水源涵养效益计量[J]. 湖北林业科技, (3): 1-4.
任海, 彭少麟, 陆宏芳. 2004. 退化生态系统恢复与恢复生态学[J]. 生态学报, (8): 1760-1768.
石培基, 冯晓淼, 宋先松, 等. 2006. 退耕还林政策实施对退耕者经济纯效益的影响评价——以甘肃4个退耕还林试点县为例[J]. 干旱区研究, (3): 459-465.
孙国祥, 汪小旵, 闫婷婷, 等. 2014. 基于机器视觉的植物群体生长参数反演方法[J]. 农业工程学报, 30(20): 187-195.
汪小钦, 王苗苗, 王绍强, 等. 2015. 基于可见光波段无人机遥感的植被信息提取[J]. 农业工程学报, 31(5): 152-157, 159, 158.
王仁卿, 藤原一绘, 尤海梅. 2002. 森林植被恢复的理论和实践: 用乡土树种重建当地森林——

宫胁森林重建法介绍[J]. 植物生态学报, (S1): 133-139.
伍艳莲, 赵力, 姜海燕, 等. 2014. 基于改进均值漂移算法的绿色作物图像分割方法[J]. 农业工程学报, 30(24): 161-167.
肖笃宁. 1999. 论现代景观科学的形成与发展[J]. 地理科学, (4): 379-384.
杨光, 丁郭栋, 张郭亮, 等. 2006. 黄土高原不同退耕地森林植被土壤改良研究[J]. 水土保持研究, 13(3): 204-207.
杨光, 丁国栋, 赵廷宁, 等. 2005. 黄土丘陵沟壑区退耕还林的水土保持效益研究——以陕西省吴旗县为例[J]. 内蒙古农业大学学报(自然科学版), (2): 20-23.
杨娟, 李静, 宋永昌, 等. 2006. 受损常绿阔叶林生态系统退化评价指标体系和模型[J]. 生态学报, (11): 3749-3756.
杨荣金, 傅伯杰, 刘国华, 等. 2004. 生态系统可持续管理的原理和方法[J]. 生态学杂志, (3): 103-108.
余作岳, 周国逸, 彭少麟. 1996. 小良试验站三种地表径流效应的对比研究[J]. 植物生态学报, (4): 355-362.
张桥, 蔡婵凤. 2004. 森林土壤退化及其防治研究综述[J]. 生态环境, (4): 677-680.
张小全, 侯振宏. 2003. 森林退化、森林管理、植被破坏和恢复的定义与碳计量问题[J]. 林业科学, (4): 140-144.
周红, 缪杰, 安和平. 2003. 贵州省退耕还林工程试点阶段社会经济效益初步评价[J]. 林业经济, (4): 23-24.
朱道光, 倪红伟, 崔福星. 2013. 大兴安岭林区退化森林湿地生态系统恢复研究进展[J]. 国土与自然资源研究, (5): 61-63.
朱红春, 张友顺. 2003. 黄土高原坡耕地生态退耕的植被建设研究——以陕西省黄土高原生态退耕县为例[J]. 西北大学学报(自然科学版), (3): 337-340.
朱教君, 李凤芹. 2007. 森林退化/衰退的研究与实践[J]. 应用生态学报, (7): 1601-1609.
Aarde R J, Ferreira S, Kritzinger J, et al. 1996. An evaluation of habitat rehabilitation on coastal dune forest in northern Kwa Zulu-Natal, South Africa[J]. Restoration Ecology, 4(4): 334-345.
Aerts R, Honnay O. 2011. Forest restoration, biodiversity and ecosystem functioning[J]. BMC Ecology, 11(1): 1-10.
Aronson J, Le F, Ovalle C, et al. 1993. Restoration and rehabilitation of degraded ecosystems in arid and semi-arid lands. II. Case studies in southern Tunisia, central Chile and northern Cameroon[J]. Restoration Ecology, 1(3): 168-187.
Aronson J, Alexander S. 2013. Ecosystem restoration is now a global priority: time to roll up our sleeves [J]. Restoration Ecology, 21(3): 293-296.
Aronson J, Le F. 1996. Vital landscape attributes: missing tools for restoration ecology[J]. Restoration Ecology, 4(4): 377-387.
Bahamondez C, Thompson I. 2016. Determining forest degradation, ecosystem state and resilience using a standard stand stocking measurement diagram: theory into practice[J]. Forestry, 89(3): 290-300.
Benayas J, Newton A, Diaz A, et al. 2009. Enhancement of biodiversity and ecosystem services by ecological restoration: a meta-analysis[J]. Science, 325(5944): 1121-1124.
Cairns J, Pratt J. 1995. The Relationship between Ecosystem Health and Delivery of Ecosystem Services[M]. Berlin: Springer.
Caraher D, Knapp W. 1995. Assessing ecosystem health in the Blue Mountains [R]. Silviculture:

from the cradle of forestry to ecosystem management. General technical report SE-88. Hendersonville: Southeast Forest Experiment Station: 75.

Caravaca F, Barea J, Palenzuela J, et al. 2003. Establishment of shrub species in a degraded semiarid site after inoculation with native or allochthonous arbuscular mycor-rhizal fungi[J]. Applied Soil Ecology, 22: 103-111.

Chacoff N, Vázquez D, Lomáscolo S, et al. 2012. Evaluating sampling completeness in a desert plant–pollinator network[J]. Journal of Animal Ecology, 81(1): 190-200.

Chazdon R. 2008. Beyond deforestation: restoring forests and ecosystem services on degraded lands[J]. Science, 320(5882): 1458-1460.

Clewell A. 1999. Restoration of riverine forest at Hall Branch on phosphate-mined land Florida[J]. Restoration Ecology, 7(1): 1-14.

Cole R, Holl K, Keene C, et al. 2011. Direct seeding of late-successional trees to restore tropical montane forest[J]. Forest Ecology and Management, 261(10): 1590-1597.

Colwell R K, Elsensohn J E. 2014. Estimates turns 20: statistical estimation of species richness and shared species from samples, with non - parametric extrapolation[J]. Ecography, 37(6): 609-613.

Costanza R. 1992. Toward an operational definition of ecosystem health[C]. //Costanza R, Norton B G, Haskell B D, et al. Ecosystem Health: New Goals for Environmental Management. Washing ton DC: Island Press: 239: 269.

Dalgleish H, Swihart R. 2012. American chestnut past and future: implications of restoration for resource pulses and consumer populations of eastern U. S. forests[J]. Restoration Ecology, 20: 490-497.

Davis M, Shaw R. 2001. Range shifts and adaptive responses to Quaternary climate change[J]. Science, 292(5517): 673-679.

Davy A, Dunsford S, Free A. 1998. Acidifying peat as an aid to the reconstruction of lowland heath on arable soil: lysimeter experiments[J]. Journal of Applied Ecology, 35(5): 649-659.

Dominick A, Della S. 2003. A citizen's call for ecological forest restoration: Forest restoration principles and criteria[J]. Ecological Restoration, 21(1): 15.

Dosskey M, Bentrup G, Schoeneberger M. 2012. A role for agroforestry in forest restoration in the Lower Mississippi alluvial valley[J]. Journal of Forestry, 110: 48-55.

Doust S, Erskine P, Lamb D. 2008. Restoring rainforest species by direct seeding: tree seedling establishment and growth performance on degraded land in the wet tropics of Australia [J]. Forest Ecology and Management, 256(5): 1178-1188.

Dudley N, Stolton S. 1999. Evaluation of forest quality towards a landscape scale assessment[R]. UCN and WWF Interin Report: 18-25.

Elliott S, Blakesley D, Chairuangsri S. 2008. Research for Restoring Tropical Forest Ecosystems: A Practical Guide [M]. Chiang Mai: FORRU-CMU.

Elliott S, Blakesley D, Hardwick K. 2013. Restoring Tropical Forests: A Practical Guide [M]. Surrey: Kew Publishing.

Elliott S, Navakitbumrung P, Kuarak C, et al. 2003. Selecting framework tree species for restoring seasonally dry tropical forests in northern Thailand based on field performance[J]. Forest Ecology and Management, 184(1): 177-191.

Ewel K, Cropper Jr, Gholz H. 1987. Soil CO_2 evolution in Florida slash pine plantations. II. Importance of root respiration[J]. Canadian Journal of Forest Research, 17(4): 330-333.

Fule P Z, Crouse J E, Roccaforte J P, et al. 2012. Do thinning and/or burning treatments in western USA ponderosa or Jeffrey pine-dominated forests help restore natural fire behavior?[J]. Forest

Ecology & Management, 269: 68-81.

Gao B. 1996. NDWI: a normalized difference water index for remote sensing of vegetation liquid water from space[J]. Remote Sensing of Environment: An Interdisciplinary Journal, 58(3): 257-266.

Gitelson A, Kaufman Y, Stark R, et al. 2002. Novel algorithms for remote estimation of vegetation fraction[J]. Remote Sensing of Environment, 80(1): 76-87.

Gotelli N, Colwell R. 2001. Quantifying biodiversity: Procedures and pitfalls in the measurement and comparison of species richness[J]. Ecology Letters, 4(4): 379-391.

Hall. 2001. Criteria and indicators of sustainable forest management[J]. Environmental Monitoring and Assessment, 6(7): 109-119.

Han N, Du H, Zhou G, et al. 2015. Exploring the synergistic use of multi-scale image object metrics for land-use/land-cover mapping using an object-based approach[J]. International Journal of Remote Sensing, 36(13): 3544-3562.

Hansen M, Potapov P, Moore R, et al. 2013. High-resolution global maps of 21st-century forest cover change[J]. Science, 342(6160): 850-853.

Hardwick K, Healey J, Elliott S, et al. 2004. Research needs for restoring seasonal tropical forests in Thailand: accelerated natural regeneration[J]. New Forests, 27(3): 285-302.

Higgs E. 1997. What is good ecological restoration?[J]. Conservation Biology, 11(2): 338-348.

Huete A. 1988. A soil-adjusted vegetation index (SAVI)[J]. Remote Sensing of Environment, 25(3): 295-309.

Huete A, Liu H, Batchily K, et al. 1997. A comparison of vegetation indices over a global set of TM images for EOS-MODIS[J]. Remote Sensing of Environment, 59(3): 440-451.

IPCC. 2007. Climate Change 2007: the Physical Science Basis: Contribution of Working Group I to the Fourth Assessment Report of the Intergovernmental Panel on Climate Change[M]. Cambridge: Cambridge University Press.

ITTO. 2002. ITTO Guidelines for the Restoration, Management and Rehabilitation of Degraded and Secondary Tropical Forests[M]. Yokohama: International Tropical Timber Organization.

Kalies E, Chambers C, Covington W. 2010. Wildlife responses to thinning and burning treatments in southwestern conifer forests: a meta-analysis[J]. Forest Ecology & Management, 259: 333-342.

Knowles O, Parrotta J. 1995. Amazonian forest restoration: an innovative system for native species selection based on phenological data and field performance indices[J]. The Commonwealth Forestry Review, 74(3): 230-243.

Kruse B, Groninger J. 2003. Vegetative characteristics of recently reforested bottomlands in the lower Cache River watershed, Illinois, U. S. A[J]. Restoration Ecology, 11: 273-280.

Lamd D. 1994. Reforestation of degraded tropical forest lands in the Asia-Pacific region[J]. Journal of Tropical Forest Science, 7(1): 1-7.

Lamb D. 2011. Regreening the Bare Hills: Tropical Forest Restoration in the Asia-Pacific Region[M]. Berlin: Springer.

Lamb D, Erskine P, Parrotta J. 2005. Restoration of degraded tropical forest landscapes[J]. Science, 310(5754): 1628-1632.

Lamb D, Gilmour D. 2003. Rehabilitation and Restoration of Degraded Forests[M]. Gland: IUCN and WWF.

Liu J, Li S, Ouyang Z, et al. 2008. Ecological and socioeconomic effects of China's policies for ecosystem services [J]. Proceedings of the National Academy of Sciences, 105(28): 9477-9482.

Maginnis S, Jackson W. 2002. Restoring forest landscapes[J]. ITTO Tropical Forest Update, 12(4):

9-11.
Magurran A. 2004. Measuring Biological Diversity[M]. Oxford: Blackwell Publishing Company.
McCoy E D, Mushinsky H. 2002. Measuring the success of wildlife community restoration[J]. Ecological Applications, 12: 1861-1871.
Miyawaki A. 1999. Creative ecology: Restoration of native forests by native trees[J]. Plant Biotechnology, 16(1): 15-25.
Nichols O, Nichols F. 2003. Long-term trends in faunal recolonization after bauxite mining in the jarrah forest of southwestern Australia[J]. Restoration Ecology, 11: 261-272.
Nicklow. 2005. Using GIS-based ecological-economic modeling to evaluate policies affecting agricultural watersheds [J]. Ecological Economics, 55(4): 467-484.
Odum E. 1969. The strategy of ecosystem development[J]. Science, 164: 262-270.
Padilla F, Pugnaire F. 2006. The role of nurse plants in the restoration of degraded environments[J]. Frontiers in Ecology and the Environment, 4(4): 196-202.
Parrota J, Knowles O. 1999. Restoration of tropical moist forests on bauxite-mined lands in Brazilian Amazon[J]. Restoration Ecology, 7: 103-116.
Potapov P, Hansen M C, Laestadius L, et al. 2017. The last frontiers of wilderness: Tracking loss of intact forest landscapes from 2000 to 2013[J]. Science Advances, 3(1): e1600821.
Reay S, Norton D. 1999. Assessing the success of restoration plantings in a temperate New Zealand forest[J]. Restoration Ecology, 7: 298-308.
Ren H, Peng S, Lu H. 2004. The restoration of degraded ecosystems and restoration ecology[J]. Acta Ecologica Sinica, 24(8): 1756-1764.
Ren H, Shen W, Lu H, et al. 2007. Degraded ecosystems in China: status, causes, and restoration efforts[J]. Landscape and Ecological Engineering, 3(1): 1-13.
Ren H, Yang L, Liu N. 2008. Nurse plant theory and its application in ecological restoration in lower subtropics of China [J]. Progress in Natural Science, 18(2): 137-142.
Rondeaux G, Steven M, Baret F. 1996. Optimization of soil-adjusted vegetation indices[J]. Remote Sensing of Environment, 55(2): 95-107.
Salinas M, Guirado J. 2002. Riparian plant restoration in summer-dry riverbeds of southeastern Spain[J]. Restoration Ecology, 10: 695-702.
Shono K, Cadaweng E, Durst P. 2007. Application of assisted natural regeneration to restore degraded tropical forestlands[J]. Restoration Ecology, 15(4): 620-626.
Soule M, Tegene A, Wiebe K. 2000. Land tenure and the adoption of conservation practices[J]. American Journal of Agricultural Economics, 82(4): 993-1005.
Tilman D. 1999. The ecological consequences of changes in biodiversity: a search for general principles[J]. Journal of Ecology, 80(5): 1455-1474.
Tucker C. 1979. Red and photographic infrared linear combinations for monitoring vegetation[J]. Remote Sensing of Environment, 8(2): 127-150.
Venables W, Ripley B. 2002. Random and Mixed Effects[M]. New York: Springer.
Wang S, Fu B, He C, et al. 2011. A comparative analysis of forest cover and catchment water yield relationships in northern China[J]. Forest Ecology and Management, 262(7): 1189-1198.
Weiermans J, Van A. 2003. Roads as ecological edges for rehabilitating coastal dune assemblages in northern Kwa Zulu-Natal, South Africa[J]. Restoration Ecology, 11: 43-49.
Wilkins S, Keith D, Adam P. 2003. Measuring success: evaluating the restoration of a grassy eucalypt woodland on the Cumberland Plain, Sydney, Australia[J]. Restoration Ecology, 11: 489-503.
Woebbecke D M, Meyer G E, Bargen K V, et al. 1993. Plant species identification, size, and

enumeration using machine vision techniques on near-binary images[C]// Optics in Agriculture and Forestry. International Society for Optics and Photonics.

Xu J. 2011. China's new forests aren't as green as they seem [J]. Nature, 477(7365): 371-371.

Zhang C. 2015. Applying data fusion techniques for benthic habitat mapping and monitoring in a coral reef ecosystem[J]. ISPRS Journal of Photogrammetry & Remote Sensing, 104: 213-223.

Zhou W, Gong P. 2004. Economic effects of environmental concerns in forest management: an analysis of the cost of achieving environmental goals[J]. Journal of Forest Economics, 10(2): 97-113.